Puzzle 1

```
F M I R O N N V I T A M I N I
S A N P D I O D E M U F M U T
U S A R R E D E F I N E O M O
B S M E A C R F B F U E L B X
S P E P D O O O R E L I M E I
T U M A O I I R P F C G U R C
I L I R N N E E V A I D I R I
T P N E Q T R M K L V B S U S
U O E D H J A I Z N O N E X O
O T A R G E T R T M I N T A R L
I K I F P C R Y I E L D C Q V
O L B E T A T I P I C E R P E
N D O W U E I U S Y M B O L N
G A S Q Z R N N E O N M I N T
N N O G R A I L G A T E D A V
```

ARGON	GRAIL	NUMBER	SUBSTITUTION
BETA	IRON	OAK	SYMBOL
CAESIUM	LIGHTER	ORE	TARGET
COIN	LIME	PRECIPITATE	TIN
DIODE	MASS	PREPARED	TOXIC
DOW	MIN	PULP	VAPOR
EMIT	MINE	QUARTZ	VITAMIN
FIBER	MINT	RADON	XENON
FUEL	MOL	RARE	YIELD
FUME	NAME	REACT	
GAS	NEON	REDEFINE	
GATED	NIOBIUM	SOLVENT	

Solution for Puzzle 1

Puzzle 2

```
J U T E N S I L L T R E N D S
C I R T I N A T U R A L L Y E
T E A M N C O R R O S I O N R
D U B N I U M U I M L O H S U
S I L V E R S I L I C A O N M
K S E A B O R G I U M L O F W
F E L V M U I N I M U L A L D
D D T F A N H A H B R V J U E
O I N T H P D S I N E R T O T
P F A O L O O L R L S G C R E
A L M N S E I U S A A R R I C
Q U Y N A T O M R C L A U N T
U S O E Y M A G N E T M S E O
E I S E C V A L E N C E T R R
C A D M I U M I R I D I U M X
```

ALUMINIUM	HAHN	MANTLE	SODA
ATOM	HOLMIUM	NATURALLY	SOLUBILITY
CADMIUM	INERT	NITRIC	SULFIDE
CORROSION	ION	OPAQUE	TEAM
CRUST	IRIDIUM	SEABORGIUM	TONNE
DETECTOR	KETTLE	SEC	TREND
DUBNIUM	LACE	SERUM	UTENSIL
FLUORINE	LASER	SILICA	VALENCE
GRAM	MAGNET	SILVER	VAPOUR

Solution for Puzzle 2

Puzzle 3

```
P G R V T E C H N E T I U M B
R R H D Q G L A T T I C E S F
X E O G I R U B I D I U M A I
C A D N D O R D Y H U B N L S
H C I I N F X W I R E O C T S
L T U B O N D I N G I R O U I
O O M U M V M Y D T S R M C O
R R I T A U S N P E E S P Y N
I C H A I N A R F C P T O L R
D U P H D M O S L A A E S I I
E B T H A S M U I B R E I N V
W I R R D B U T T E A L T D E
L C B A T T E R I E T Z E E T
Y N U T R I E N T W E L D R G
M E T A L F A T T Y L E A D U
```

ADSORPTION	DIAMOND	LITHIUM	SEPARATE
BATTERIE	DIOXIDE	METAL	STEEL
BONDING	ERBIUM	NUTRIENT	TECHNETIUM
BUTTE	FATTY	RAMAN	TUBING
CHAIN	FISSION	REACTOR	ULCER
CHLORIDE	FORGE	RHODIUM	WELD
COMPOSITE	HYDRO	RIVET	WIRE
CUBIC	LATTICE	RUBIDIUM	
CYLINDER	LEAD	SALT	

Solution for Puzzle 3

Puzzle 4

```
S I L N I H O N I U M B R C U
E O S O L I D Y L Y H L A O W
L N E O S U O E S A G T M N A
E I W M S P X P O R O U S D N
N Z T I A O O I D C I Y A E I
I A A N R I X N C B A D Y N O
U T B I B S U V R C R B T S N
M I L N O O K E E H E H T E I
G O E G P N T D R E A A R D O
A N B M I L Q Q B L C L I O D
M B O R O N A Z I I T F U X I
M C O B A L T S F U I F M I N
A S B E S T O S M M O L Q D E
P I T C I N E S R A N Q G E Y
P H D I G E S T I V E T A D N
```

ANION	CONDENSED	HELIUM	POROUS
ARSENIC	DATE	IODINE	RAMSAY
ASBESTOS	DECAY	IONIZATION	REACTION
BIOPSY	DIGESTIVE	MINING	SELENIUM
BORON	FIBRE	NIHONIUM	SOLID
BRASS	GAMMA	OXIDE	TABLE
COBALT	GASEOUS	PLASMA	TERBIUM
COMPOUND	HALF	POISON	YTTRIUM

Solution for Puzzle 4

Puzzle 5

```
Y C T E D O R T C E L E D G P
F O I L Q C U M S S U I O R R
S A U C T I T N E A D N P O O
T T N I C M H U L R E D I U T
A I I D U A E C F A C I N P A
B N L I C R N L U W O U G E C
L G M C O E I E S A M M R V T
E S E A I C U U E K P L N Y I
O B O S N W M S L C O E F L N
M U I D A R C H A S S I S E I
I D I F G N U B G S E Y J K U
U C Y R E T I J E M O R H C M
A M E T H Y L K E N I L N I F
Y W T D Y S P R O S I U M N G
I P R I M O R D I A L P H A E
```

ACID
ACIDIC
ACTINIUM
ALPHA
CERAMIC
CHASSIS
CHROME
COATING
COINAGE
DECOMPOSE
DOPING
DYSPROSIUM
ELECTRODE
ESSEN
ETHYL
FOIL
FUSELAGE
GROUP
INDIUM
INLINE
INUIT
KINASE
MERCURY
METHYL
NICKEL
NUCLEUS
OSMIUM
PRIMORDIAL
PROTACTINIUM
RADIUM
RUTHENIUM
SARAWAK
STABLE

Solution for Puzzle 5

Puzzle 6

```
S L E X C I T A T I O N X S B
R A D I O A C T I V E B K I L
L R M E I T N E R I U M G G O
C E L F Q U A N T I T Y P N C
A N R E S E A R C H N U I A K
L I V A Z A L L O Y E K N L E
I M J S C I M O T A M A F I R
B I G S U K H U Y U E L L N U
R O N A C L R A I J L U U G R
A N I M S Y F N S D E M X O A
T I M O A T O A K S A I L X N
I Z R I A L R F T A I N C D I
O E A B O M U I R E C U A X U
N Q W P V E S I C L E M M V M
L C A R B O H Y D R A T E Z D
```

ALLOY
ALUMINUM
ATOMIC
BIOMASS
BLOCKER
CALIBRATION
CARBOHYDRATE

CERIUM
ELEMENT
EXCITATION
GASTRIC
HASSIUM
INFLUX
IONIZE

MEITNERIUM
MINERAL
POLONIUM
QUANTITY
RADIOACTIVE
RESEARCH
SIGNALING

SULFATE
URANIUM
VANADIUM
VESICLE
WARMING

Solution for Puzzle 6

Puzzle 7

```
C J E X T R A C T H E A V Y A
A N T B O M B A R D D Q C F B
B F L U O R E S C E N C E E S
N L E P A D N Z R Z E V T R O
O I W H R F I E I F T Y C M R
R G O A O V M E R H L K A I P
M H B S M M O D T O O Q L U T
A T N E A R R E R A M D C M I
L W E H T R B T E E R I I B O
I E U K I F C L K A N Y U H N
T I T R C E N O T O R P M O M
Y G R P L I M B I O Z O N E Y
P H O E I S H G A L L I U M I
S T N S Y N T H E S I Z E S V
F E K A T N I N S U L I N B R
```

ABNORMALITY	CALCIUM	HAMMERED	NEUTRON
ABSORPTION	DIETARY	HEAVY	OZONE
AROMATIC	ELECTROLYTE	INSULIN	PHASE
BOLTED	EXTRACT	INTAKE	PROTON
BOMBARD	FERMIUM	IONIC	SMOKE
BOWEL	FLUORESCENCE	LIGHTWEIGHT	SYNTHESIZE
BROMINE	GALLIUM	MOLTEN	

Solution for Puzzle 7

Puzzle 8

```
M O X Y G E N T S L U D G E U
U G X H M L B R S N N X E R I
I U U P V B O A P R D L O G L
R P U A I U M C E C E M O R A
A T R R C L B E C A R A B A W
B A I G N O A C T L G N S P R
O K N O E S R P R I O I T H E
H E A M P P D L O F M F R I N
R S R O T L M A M O E O U T C
I U Y T U A E T E R L L C E I
U L L N N S N I T N T D T B U
M F V A I T T N E I I I I D M
M U H I U I F U R U N D O V J
U R U V M C X M O M G V N O I
P L U T O N I U M R E N A L E
```

BARIUM
BOHRIUM
BOMBARDMENT
CALIFORNIUM
GOLD
GRAPHITE
LAWRENCIUM
MANIFOLD
MELTING
NEPTUNIUM
OBSTRUCTION
OXYGEN
PLASTIC
PLATINUM
PLUTONIUM
RENAL
SLUDGE
SOLUBLE
SPECTROMETER
SULFUR
TOMOGRAPHY
TRACE
UNDERGO
UPTAKE
URINARY

Solution for Puzzle 8

Puzzle 9

```
K M U I D O S L D E T A L P C
O O U R E A C T I V E K I R H
I L D C O P P E R G C F V N E
N E N I T A T S A M I L E C V
G C S D S K G D H R I E R H R
E U A S O T O P E O M R M E O
S L M M F L I L K F P O O M L
T E A U I S L L M S U V R I E
I T R N I E H U L N R I I S T
O I I Q K R R E V A I U U T A
N U U U W T U I A R T M M R R
M C M N O L O C W T Y I G Y T
T V W H A F N I U M H T O K I
G L W F U S I O N W E E M N N
I R E S P E C T I V E L Y B H
```

ASTATINE	DISTILLATION	INGESTION	REACTIVE
CHEMISTRY	FLEROVIUM	KELLER	RESPECTIVELY
CHEVROLET	FUSION	LIVERMORIUM	SAMARIUM
COLON	GADOLINIUM	MOLECULE	SHEATHE
COPPER	HAFNIUM	NITRATE	SODIUM
CURIUM	IMPURITY	PLATED	TRANSFORM

Solution for Puzzle 9

Puzzle 10

```
X M N Y O G A N E S S O N E Q
C E S T L U T E T I U M N X Y
C T C T H E T R L G V I J I D
Q H A E Z Z O I F M S M S M M
Y A N R P N C G S S S U U S A
C N D B T O Q V E E E I O T N
H O I I N R M N P Z M L E U G
R L U U L B N I M Y A U U D A
O M M M Y E O O D N N H Q Y N
M C O I T D B O O R Z T A I E
I S O T O P E R C A R B O N S
U B I W K N U W E L D I N G E
M W C R O E N T G E N I U M X
H W F C N E T S G N U T F U Z
G S E L E C T R O N T P S U U
```

AQUEOUS	LUTETIUM	ROENTGENIUM	THULIUM
BRONZE	MANGANESE	SCANDIUM	TUNGSTEN
CARBON	METHANOL	SILICON	WELDING
CHROMIUM	NEODYMIUM	STRONTIUM	YTTERBIUM
ELECTRON	NEURONAL	STUDYING	
ISOTOPE	OGANESSON	TENNESSINE	

Solution for Puzzle 10

```
X M N Y O G A N E S S O N E Q
C E S T L U T E T I U M N X Y
C T C T H E T R L G V I J I D
Q H A E Z Z O I F M S M S M M
Y A N R P N C G S S S U U S A
C N D B T O Q V E E E I O T N
H O I I N R M N P Z M L E U G
R L U U L B N I M Y A U U D A
O M M M Y E O O D N N H Q Y N
M C O I T D B O O R Z T A I E
  I S O T O P E R C A R B O N S
U B I W K N U W E L D I N G E
M W C R O E N T G E N I U M X
H W F C N E T S G N U T F U Z
G S E L E C T R O N T P S U U
```

Puzzle 11

```
M G U L T R A V I O L E T J G
U F P R E L E M E N T A L R E
G I E E A L A T S Y R C Y E M
R L S A M N A D P W M R O F I
E T T G M C S U C O O N E L S
E R I E O O H D D T D N A E S
N A C N N C K E A I I I L C I
H T I T I K R R M R S Z Y T O
O I D Z A A O D O I U E E O N
U O E B T B C L I V C C R R Y
S N L E A L H F A L K A L I U
E L T L W C I N A G R O L G E
B E A R I N G B I S M U T H O
G Y E Q I A N T I M O N Y D S
X J S P O N T A N E O U S F C
```

ALKALI	CHLORINE	LABORATORY	RESIDUAL
AMMONIA	CRYSTAL	MODERATE	SPONTANEOUS
ANTIMONY	ELEMENTAL	ORGANIC	ULTRAVIOLET
BEARING	EMISSION	PESTICIDE	
BISMUTH	FILTRATION	REAGENT	
CHEMICAL	GREENHOUSE	REFLECTOR	

Solution for Puzzle 11

Puzzle 12

```
N D T J Z M A R G O L I K R M
M E I W B T A N T A L U M C E
T P T S S E B O N D E D Q O T
I L A Y Y D R I L L I N G N A
P E N X A N T K C Q U O M T L
O T I G J S T I E R Q U I R L
T I U L E A T H Q L N S D A I
A O M T D P B I E A I A O C C
S N N Z A C U E H S X U Y T A
S I I N N O I T A X I F M I I
I Q Y R H E N I U M M S W O T
U S M Q M A G N E S I U M N N
M A S T L P R E D I C T E D O
S B C O N T A M I N A N T N P
C A R B O N A T E Q K U X X P
```

BERKELIUM DRILLING METALLIC SYNTHESIS
BONDED FIXATION PONTIAC TANTALUM
CARBONATE INTESTINAL POTASSIUM TITANIUM
CONTAMINANT KILOGRAM PREDICTED
CONTRACTION LANTHANUM RHENIUM
DEPLETION MAGNESIUM SYNAPTIC

Solution for Puzzle 12

Puzzle 13

```
I A L K A L I N E E O X U B X
M J D T H A L L I U M B A E U
U C E U G S K R Y P T O N R D
I M P O W T H O R I U M L Y I
L C O L X A B I N F R M E L N
E A S L C H S H E W G L E L S
B T I A Y A U T U L E N O I E
O H T F B B T B E K D J T U C
N O I T A I D A R W I I A M T
P D U W D O T E L F A K N C I
Y E L L O W B R N Y B T U G C
P O I S O N I N G U S X E L I
R E S E A R C H E R M T L R D
Q A S C H E M I C A L L Y C E
T C U D O R P E R I O D I C U
```

ALKALINE	DEPOSIT	PERIODIC	THALLIUM
BERKELEY	FALLOUT	POISONING	THORIUM
BERYLLIUM	INSECTICIDE	PRODUCT	WASTEWATER
CATALYST	KRYPTON	RADIATION	YELLOW
CATHODE	MOLYBDENUM	RESEARCHER	
CHEMICALLY	NOBELIUM	SHIELDING	

Solution for Puzzle 13

Puzzle 14

```
I O A N D E F I C I E N C Y Z
G O D M T R N I T R O G E N K
P O R Y E O O B L I A X T U N
N R W E A R X B Q A Y C A C S
P U A G F J I I A X J A H L T
R H Q S Y I A C C N W T P E I
O P D R E G N M I I F A S A F
M L E M I O V I M U T L O R F
E U Q F O T D R N O M Y H W N
T S I Z F X H Y E G N T P D E
H H E N A H T E M X N I B Z S
I H Y D R O G E N I F C U D S
U M O D E R A T O R U T B M Y
M Z S E A W A T E R A M F I R
T R I A O A B D O M I N A L F
```

ABDOMINAL
AMERICIUM
AMMONIUM
CATALYTIC
DEFICIENCY
HYDROGEN
METHANE
MODERATOR
NITROGEN
NUCLEAR
PHOSPHATE
PRASEODYMIUM
PROMETHIUM
REFINING
SEAWATER
STIFFNESS
SULPHUR
TOXICITY

Solution for Puzzle 14

Puzzle 15

```
K P O L L U T A N T F S D H G
L P A P I G M E N T R W G G T
F K A L C T H I F Z A A R E E
S L E R L H Q H F C N L O R L
O Y U C T A A U L B C L U M L
L P T O A I D D X H I O N A U
U V K M R T C I W O U W D N R
T V B V X E A L U I M R W I I
I S U H X D S L E M C R A U U
O L Y M P H O C Y T E K T M M
N M U I P O R U E Z W D E J Z
I N T E S T I N E N E W R P R
H A R D N E S S S Y T C Y Q B
R T A S T A I N L E S S R G Z
K A M E N D E L E V I U M Y F
```

CATALYZE   GERMANIUM   MENDELEVIUM   SOLUTION
CHADWICK   GROUNDWATER   PALLADIUM   STAINLESS
EUROPIUM   HARDNESS   PARTICLE   SWALLOW
FLUORESCENT   INTESTINE   PIGMENT   TELLURIUM
FRANCIUM   LYMPHOCYTE   POLLUTANT

Solution for Puzzle 15

Puzzle 16

```
W S E P A R A T I O N C R H M
S E X T R A C E L L U L A R H
P R O P H O S P H O R U S P U
E E Y T C D Y Y V A T O E U U
C M X Y R K O Z E U O H X R K
T O A P C A S H S N O Y T I S
R S I M E V R C V G M D R F U
O C I N O R G A N I C R A I B
M O E T A N I M A T N O C C S
E V Z I N J C M A K F X T A T
T I D N Y S E F E B G I I T A
R U B R O W S E R N L D O I N
Y M O R N X W Q L U T E N O C
S E M I C O N D U C T O R N E
F B H Y D R O C A R B O N P O
```

BROWSER
CONTAMINATE
DIARRHEA
EXPERIMENT
EXTRACELLULAR
EXTRACTION
HYDROCARBON
HYDROXIDE
INORGANIC
MOSCOVIUM
PHOSPHORUS
PURIFICATION
SEMICONDUCTOR
SEPARATION
SPECTROMETRY
SUBSTANCE

Solution for Puzzle 16

Puzzle 17

```
Q I A C L N F Q V X Z F M R O
C G N N R P M A J N P U D G X
O S U T W Y B O Y E I N N W I
N U E N R F S C V T B I Y H D
T O C L X A E T D B D P J D A
A N A W E L C A A N D Q R Z T
M O A P D C T E O L V P T U I
I S Z W P S T P L A L D Z K O
N I U D M W S I F L P I H K N
A O D R E E M Z V U U R N V E
T P A D R U N V W I M L P E Y
I D Z R L A M R E H T L A F N
O C O A O A M J S G S Y O R X
N C O N D U C T I V I T Y B K
P E S T E R C A D M I U M X K
```

CONDUCTIVITY CRYSTALLINE INTRACELLULAR SELECTIVITY
CONTAMINATION DARMSTADTIUM OXIDATION THERMAL
CORRESPONDING ESTERCADMIUM POISONOUS

Solution for Puzzle 17

Puzzle 18

```
D P C H A I N T A R G E T G S
A U L A S E R D O X Y G E N M
T R O T C A E R Z R O P A V O
E I S B U T T E T N E O N E K
H F F M A S S S H N O I V Z E
A I O G E R I W I I M I R M G
M C I N A M E S T O T O C S E
M A L E E T S E C C T Z O A R
E T A H E E A C A C I I P R M
R I C S N A G E E F N N P A A
E O E N I M R T R A L C E W N
D N E E M M E I M T I M R A I
J T L E A D Y N I T N O W K U
V C B O N D E D N Y E L E L M
D O W B R A S S C C P U L P L
```

BONDED	FOIL	MIN	SARAWAK
BRASS	GAS	MINE	SEC
BUTTE	GATED	MOL	SMOKE
CHAIN	GERMANIUM	NAME	STEEL
CHEMISTRY	HAMMERED	NEON	TARGET
COIN	INLINE	OXYGEN	TEAM
COPPER	ION	PULP	TENNESSINE
DATE	LACE	PURIFICATION	TIN
DETECTOR	LASER	REACT	VAPOR
DOW	LEAD	REACTIVE	WIRE
FATTY	MASS	REACTOR	ZINC

Solution for Puzzle 18

Puzzle 19

```
P E P R E P A R E D F R B T Q
R I N E R T F I B E R X O I X
E N N N A M E T H A N E W M F
D S I I G L M E T A L N E E I
I T G D O M U I D O S O L M B
C E R O A B W M N I E N U U R
T I A I E C I U I O T I O F E
E N P C S T G U T N N H A E F
D I H O S S R C M I I D K G G
L U I L E U A O L C M U N D O
L M T O N R M O T A R I M U L
I P E N T C D L A L P H A L D
M E O X I A E N N O T G Z S Q
E R E A G E N T D Y I E L D S
S U B S T I T U T I O N N S F
```

ALPHA	EXTRACT	IONIC	REAGENT
ALUMINIUM	FIBER	LIME	SLUDGE
ATOM	FIBRE	METAL	SODIUM
BOWEL	FUME	METHANE	SUBSTITUTION
COLON	GADOLINIUM	MINT	TONNE
CRUST	GOLD	NIOBIUM	XENON
DOPING	GRAM	OAK	YIELD
EINSTEINIUM	GRAPHITE	ORE	
EMIT	INERT	PREDICTED	
ESSEN	IODINE	PREPARED	

Solution for Puzzle 19

Puzzle 20

```
T U O L L A F Y M I N I N G I
Q E P A L A W R E N C I U M P
J R S T N F S S U L P H U R R
K B P N A K E F U E L E B M O
S I E E E K L E N O Z O U U T
I U C M H C E R A M I C W I A
L M T E A N N O R I E C S N C
I S R L H I I M T L I O O U T
C I O E N C U W B T F B D T I
A L M C G K M A S L R R A P N
R I E T A E T A A A N E A E I
A C T R M L L V C S G N A N U
R O E O M P U V K I N A S E M
E N R N A X M E T A L L I C X
U H W T R E N D Z A N I O N J
```

ACTINIUM	GAMMA	OZONE	SODA
ANION	HAHN	PLASTIC	SPECTROMETER
CARBON	IRON	PROTACTINIUM	SULPHUR
CERAMIC	KINASE	RARE	TABLE
ELECTRON	LAWRENCIUM	RENAL	TREND
ELEMENTAL	METALLIC	SALT	UPTAKE
ERBIUM	MINING	SELENIUM	YELLOW
FALLOUT	NEPTUNIUM	SILICA	
FUEL	NICKEL	SILICON	

Solution for Puzzle 20

Puzzle 21

```
M O S C O V I U M T O X I C H
R U T H E R F O R D I U M A A
I D E P R O M E T H I U M E L
V U L L E A U S L M T H P S F
E B K H T B I A A U U Y L I R
T N F O A N R H B I B D A U E
S I O L W O A P O V I R S M A
Y U R M E R B M C O N O M P C
M M G I T M P U O R G Z A R T
B A E U S A Y S H E A T H E I
O E L M A L K C U L C E R V O
L E T L W I S U L F A T E L N
V O U A O T N E M E L E G I R
I N U I T Y D I A M O N D S B
H E A V Y C U B I C I S U Z I
```

ABNORMALITY	ELEMENT	MANTLE	SILVER
ALLOY	FLEROVIUM	MOSCOVIUM	SULFATE
BARIUM	FORGE	PHASE	SYMBOL
BETA	GROUP	PLASMA	TOXIC
CAESIUM	HALF	PROMETHIUM	TUBING
COBALT	HEAVY	REACTION	ULCER
CUBIC	HOLMIUM	RIVET	WASTEWATER
DIAMOND	HYDRO	RUTHERFORDIUM	
DUBNIUM	INUIT	SHEATHE	

Solution for Puzzle 21

Puzzle 22

```
M G D I N O R G A N I C A L B
E C I L K D W A R M I N G S O
T H O A D L I S W A L L O W R
H A D K M I C A T H O D E Y O
Y D E L U G O V R D A N K N N
L W A A I H I X C R I J O P I
F I T R D T L P I L H I S O O
I C O A A E B X L D T E C L N
X K M M N R G A K P E A A O I
A F I S A Q T I R A R C N N Z
T N C A V S Y O W R A I D I E
I P N Y Y B S X E G D D I U X
O O G R E D N U L O O I U M W
N O C Y A C E D D N N C M U S
J L R U T H E N I U M Y Y P L
```

ACIDIC	CRYSTALLINE	IONIZE	SWALLOW
ADSORPTION	DECAY	LIGHTER	UNDERGO
ALKALI	DIARRHEA	METHYL	VANADIUM
ARGON	DIODE	POLONIUM	VITAMIN
ATOMIC	DIOXIDE	RADON	WARMING
BORON	ETHYL	RAMSAY	WELD
CATHODE	FIXATION	RUTHENIUM	
CHADWICK	INORGANIC	SCANDIUM	

Solution for Puzzle 22

Puzzle 23

```
E O B O H R I U M S E R U M I
H S C A C I D B I S M U T H J
B A P Z K R Y P T O N G I P S
A O F E C O A T I N G N N O T
N H M N C R B R P A W I S R A
E Y U B I T E I O S W Y U O B
O D I R A U R K O M B D L U L
D R N A D R M O T M A U I S E
Y O A M R Q D S M B A T N X V
M X R A D I U M G E R S I P A
I I U N M A G N E T T L S C P
U D W K E T T L E N Y R P T O
M E F I S S I O N C T C Y B U
E T A R T I N F L U X U L G R
G L I V E R M O R I U M M U Q
```

ACID	FISSION	LIVERMORIUM	SERUM
AROMATIC	HAFNIUM	MAGNET	SPECTROMETRY
BIOMASS	HYDROXIDE	NEODYMIUM	STABLE
BISMUTH	INFLUX	NITRATE	STUDYING
BOHRIUM	INSULIN	POROUS	URANIUM
BOMBARDMENT	KETTLE	RADIUM	VAPOUR
COATING	KRYPTON	RAMAN	

Solution for Puzzle 23

Puzzle 24

```
U R E F I N I N G F O I A T S
S C I T E R B I U M X N B W E
U F O S N T R A C E I S S C A
I T P N Y E D Y F D D E O O B
M M E A T F M V U I A C R R O
E F P N R A B G S X T T P R R
I V B U S T M Q I O I I T O G
T N P C R I I I O P O C I S I
N U R A E I L C N X N I O I U
E C O D S D T D L A T D N O M
R L D M W T H Y Z E T E Q N B
I E U I O C O M P O S I T E X
U A C U R V A L E N C E O D J
M R T M B R H O D I U M W N L
T W X A L Y M P H O C Y T E P
```

ABSORPTION	FUSION	OXIDATION	RHODIUM
BROWSER	IMPURITY	OXIDE	SEABORGIUM
CADMIUM	INSECTICIDE	PARTICLE	TERBIUM
COMPOSITE	LYMPHOCYTE	PIGMENT	TRACE
CONTAMINATION	MEITNERIUM	PRODUCT	UTENSIL
CORROSION	NUCLEAR	REFINING	VALENCE

Solution for Puzzle 24

Puzzle 25

```
F R A N C I U M C E R I U M P
I N T A K E A L U M I N U M L
J O D E C O M P O S E D U M D
T H E R M A L D I G E I N A I
Q O J M U N I T A L P U E N S
M U C M O S M I U M M M U G T
U U A S U E L C U N U H T A I
I R I R P I E Z E I I A R N L
R U T M T L L P S P D S O E L
U F N W O Z P E H V I S N S A
C L O M C R N J B O R I W E T
T U P G U G H N D O I U R G I
T S Y L A T A C I Y N M W Y O
R E B M U N T U N G S T E N N
S U P E R S T R U C T U R E W
```

ALUMINUM	FRANCIUM	MOLECULE	PONTIAC
CATALYST	HASSIUM	NEUTRON	QUARTZ
CERIUM	INDIUM	NOBELIUM	SULFUR
CHROMIUM	INTAKE	NUCLEUS	SUPERSTRUCTURE
CURIUM	IRIDIUM	NUMBER	THERMAL
DECOMPOSE	MAGNESIUM	OSMIUM	TUNGSTEN
DISTILLATION	MANGANESE	PLATINUM	

Solution for Puzzle 25

Puzzle 26

```
N T Y G R A I L R K B C B Y N
E A R M D S P O I S O N S R T
T Y A U R E T P Y K L I U E M
L Y T U T E F R I L T T L S N
O C E T Z T S I O P E R F I I
M U I N E H R E C N D I I D T
A C D R D R J F A I T C D U R
L H B P T S B J T R E I E A O
A R R I J S W I B K C N U L G
T O O W O P A Q U E G H C M E
T M N S O B O G J M X C G Y N
I E Z M E T H A N O L G G Y Z
C B E R K E L I U M H C E M A
E A B J B I O P S Y Y R T X I
C A L G I N T E S T I N E B J
```

BERKELIUM	DIETARY	MOLTEN	RESIDUAL
BIOPSY	GASTRIC	NITRIC	RHENIUM
BOLTED	GRAIL	NITROGEN	STRONTIUM
BRONZE	INTESTINE	OPAQUE	SULFIDE
CHROME	LATTICE	POISON	YTTERBIUM
DEFICIENCY	METHANOL	RESEARCH	

Solution for Puzzle 26

Puzzle 27

```
K E L L E R K B O M B A R D Y
G V R E D N I L Y C C M M Y T
T R O O Z A J L F E R M I U M O
P E P L U T O N I U M T Y C X
S C K Y V I G U E W T R S P I
F U Q C N A R A X T E A E A C
P R O T O N A R C E C N L L I
M S P E V L M S I L H S E L T
U H O L S Z B E T L N F C A Y
I W E L A A O N A U E O T D L
L B C L V T G I T R T R R I A
U S L I I E E C I I I M O U T
H T V B R U N D O U U W D M A
T H O R I U M T N M M N E N C
C Z C R Y S T A L L I Z E Z D
```

ARSENIC	ELECTRODE	PALLADIUM	THORIUM
BLOCKER	EXCITATION	PLATED	THULIUM
BOMBARD	FERMIUM	PLUTONIUM	TOXICITY
CATALYTIC	GASEOUS	PROTON	TRANSFORM
CRYSTAL	HELIUM	SOLVENT	
CRYSTALLIZE	KELLER	TECHNETIUM	
CYLINDER	KILOGRAM	TELLURIUM	

Solution for Puzzle 27

Puzzle 28

```
N J N A T U R A L L Y Y X J W
D O A Q U E O U S M A F L C O
Y U I S H S O L U B L E L O E
S R N T T J S I S S A H C N E
P C S Z U A C A L G S U A T S
R M S A G L T J N L D M Q A O
O E O W A T O I P A E M U M L
S L L C P C L S N R M O A I U
I T I R T L Q K I E I D N N B
U I D H I C F C Y N S E T A I
M N B R O M I N E I S R I N L
L G D Y R U C R E M I A T T I
F C H E M I C A L B O T Y S T
B T H A L L I U M F N E L C Y
H G R O U N D W A T E R W Y H
```

AMERICIUM
AQUEOUS
ASTATINE
BROMINE
CALCIUM
CHASSIS
CHEMICAL
CONTAMINANT
DRILLING
DYSPROSIUM
EMISSION
GROUNDWATER
MELTING
MERCURY
MINERAL
MODERATE
NATURALLY
QUANTITY
SOLID
SOLUBILITY
SOLUBLE
SOLUTION
THALLIUM

Solution for Puzzle 28

Puzzle 29

```
E H O N M A M M O N I A S D O
C A G O D A J F W W R L T C R
O R A I E G N F G Q A A A A G
M D N T P N D I E M L N I R A
P N E C O I H C F O K I N B N
O E S U S R N Q X O A M L O I
U S S R I A Y H J C L O E H C
N S O T T E Z T I B I D S Y W
D N N S I B U T T J N B S D E
T X B B F C P Z K R E A P R L
Z U K O B A I O B J I K B A D
S T X P N B A D J A R U F T I
Q L C Y E N I F E D E R M E N
A I S A G A L L I U M M B L G
J S T I F F N E S S U Q I R W
```

ABDOMINAL
ALKALINE
AMMONIA
BEARING
CARBOHYDRATE
COMPOUND
DEPOSIT
GALLIUM
HARDNESS
MANIFOLD
OBSTRUCTION
OGANESSON
ORGANIC
PESTICIDE
REDEFINE
STAINLESS
STIFFNESS
SUBSTANCE
SYNAPTIC
WELDING
YTTRIUM

Solution for Puzzle 29

Puzzle 30

```
R O E N T G E N I U M P L L R
S H I E L D I N G M E R A A E
E A V T A U P B Z U U U B N S
T Y M P O K T W L I R B O T P
A H D A C M I E G H O I R H E
T N X I R H O V T T P D A A C
I P T B K I L G S I I I T N T
P V O I O E U O R L U U O U I
I G W G M O N M R A M M R M V
C H E V R O L E T I P R Y Z E
E C A R B O N A T E N H L L L
R M U N E D B Y L O M E Y P Y
P S I G N A L I N G O D E N K
G F Z E L E C T R O L Y T E R
B X W Q J P O L L U T A N T Z
```

ANTIMONY
CARBONATE
CHEVROLET
CHLORINE
ELECTROLYTE
EUROPIUM
LABORATORY
LANTHANUM
LITHIUM
LUTETIUM
MOLYBDENUM
POLLUTANT
PRECIPITATE
RESPECTIVELY
ROENTGENIUM
RUBIDIUM
SAMARIUM
SHIELDING
SIGNALING
TOMOGRAPHY

Solution for Puzzle 30

Puzzle 31

```
H D I G E S T I V E A M I C Q
A E N P H O S P H O R U S O C
D P G E F R G P E E X I C N P
M L E R S L L V G E A N H T H
O E S I I Y U A X A L O L R O
D T T O H O N O N Q G M O A S
E I I D O I N T R O F M R C P
R O O I O N D I H I R A I T H
A N N C E I C W Z E N U D I A
T T I T A N I U M A S E E O T
O Q Y P E X T R A C T I O N E
R Y R A D I A T I O N I Z A J
L I G H T W E I G H T K O E A
S V S E P A R A T E I J F N A
Y I N T R A C E L L U L A R H
```

AMMONIUM	EXTRACTION	MODERATOR	SEPARATE
CHLORIDE	FLUORINE	NEURONAL	SYNTHESIZE
COINAGE	INGESTION	PERIODIC	TITANIUM
CONTRACTION	INTRACELLULAR	PHOSPHATE	
DEPLETION	IONIZATION	PHOSPHORUS	
DIGESTIVE	LIGHTWEIGHT	RADIATION	

Solution for Puzzle 31

Puzzle 32

```
S A T M O S P H E R E M V L N
E C C A T A L Y Z E U C A H E
L A S B E S T O S I M I T I U
E M T Y T C B E M D D N U X T
C L F Z N H C Y K R E T R S R
T I U Z N T D T O C G E E E O
I N S D M O H M S R Y S S P N
V E E O E D I E T J E T E A C
I G L S T R R V S Z M I A R A
T O A R P O K W E I Q N R A L
Y R G K U B P E Q L S A C T C
P D E L E F X E S N N L H I I
B Y F M S U R I N A R Y E O U
V H I P O I S O N I N G R N M
J C O R R E S P O N D I N G V
```

ASBESTOS
ATMOSPHERE
CATALYZE
CORRESPONDING
FLUORESCENT
FUSELAGE
HYDROGEN
INTESTINAL
ISOTOPE
NEUTRONCALCIUM
POISONING
PRASEODYMIUM
PRIMORDIAL
RESEARCHER
SELECTIVITY
SEPARATION
SYNTHESIS
URINARY

Solution for Puzzle 32

Puzzle 33

```
P E S Y B F R E T A W A E S S
N S U E A L N R C H E G E E O
D T L X T U I E O Y S F X M E
A E T T T O H F N D V H P I A
R R R R E R O L T R N T E C P
M C A A R E N E A O U A R O O
S A V C I S I C M C T N I N T
T D I E E C U T I A R T M D A
A M O L M E M O N R I A E U S
D I L L B N C R A B E L N C S
T U E U E C N Z T O N U T T I
I M T L Q E U W E N T M Y O U
U S N A K B E R K E L E Y R M
M C Z R V E S I C L E G L A T
C A L I F O R N I U M V H W T
```

BATTERIE
BERKELEY
CALIFORNIUM
CONTAMINATE
DARMSTADTIUM
ESTERCADMIUM
EXPERIMENT
EXTRACELLULAR
FLUORESCENCE
HYDROCARBON
NIHONIUM
NUTRIENT
POTASSIUM
REFLECTOR
SEAWATER
SEMICONDUCTOR
TANTALUM
ULTRAVIOLET
VESICLE

Solution for Puzzle 33

Puzzle 34

```
E E C A L S R N T F Q D O W G
M A A O A E E I E U U R P Q O
U R L G R A D M V E A H R M R
F O I A U W U J I L R E O O E
A M F N B A B P R T T N M L U
T A O E I T N L H L Z I E D Y
T T R S D E I A A A S U T E T
Y I N S I R U S D O S M H P T
X C I O U D M M D A T E I L E
C N U N M U V A P O U R U E R
U I M O I S A R A W A K M T B
B R A R E T H Y L L I M E I I
I L U I Z I N C B U T T E O U
C C Z L A S E R E C L U Y N M
W S E C M O S C O V I U M B I
```

AROMATIC	ETHYL	MOSCOVIUM	RUBIDIUM
BUTTE	FATTY	OGANESSON	SALT
CALIFORNIUM	FUEL	ORE	SARAWAK
CUBIC	FUME	PHASE	SEAWATER
CURIUM	IRON	PLASMA	SEC
DATE	LACE	PROMETHIUM	SODA
DEPLETION	LASER	QUARTZ	ULCER
DOW	LIME	RARE	VAPOUR
DUBNIUM	MIN	RHENIUM	YTTERBIUM
EMIT	MOL	RIVET	ZINC

Solution for Puzzle 34

Puzzle 35

```
L I T H I U M O B B T I N Q G
L O B M Y S N J O E G N O I A
V A N A D I U M W R R A I N S
N I C K E L U Z E K O M N T I
S E S A N I K E L E U E A A N
D U C M M Z T L P L N H D K T
A B L S O A K B O I D A I E E
Q E O F R J R A I U W L O E S
U T E T U T C T S M A F X X T
E A I S E R U M O H T U I T I
O N I N E R T B N A E S D R N
U L A T T I C E I H R I E A E
S C R U S T T O N N E O K C C
B Y G R O U P F G W G N I T S
A T A R G E T E A M G O L D U
```

ANION	GAS	LATTICE	SYMBOL
AQUEOUS	GOLD	LITHIUM	TABLE
BERKELIUM	GROUNDWATER	NAME	TARGET
BETA	GROUP	NICKEL	TEAM
BOWEL	HAHN	NITRATE	TIN
CRUST	HALF	OAK	TONNE
DECAY	INERT	OSMIUM	TUBING
DIOXIDE	INTAKE	POISONING	VANADIUM
EXTRACT	INTESTINE	SERUM	
FUSION	KINASE	SULFUR	

Solution for Puzzle 35

Puzzle 36

```
E L E M E N T A L P H A O A I
B Y Z G T D K G R A M I N T R
T G N W A O R G A M M A S S E
E N O I L T X I S L U D G E S
N I R R L K E I L C O I N N E
N M B E O D J D C L I Z O O A
E R M C Y M U I D N I I B Z R
S A M A R I U M H O T N J O C
S W W R L A N O R U E N G K H
I E X T R A C E L L U L A R E
N C O P P E R O B I N U I T R
E T L Y N E S S E R B I U M I
Y U S P E C T R O M E T R Y O
P X L E A D A M M O N I A W N
C E R A M I C A T A L Y Z E K
```

ALLOY	ELEMENT	INUIT	SAMARIUM
ALPHA	ELEMENTAL	ION	SLUDGE
AMMONIA	ERBIUM	LEAD	SOLUTION
BRONZE	ESSEN	MASS	SPECTROMETRY
CATALYZE	EXTRACELLULAR	MINT	TENNESSINE
CERAMIC	GAMMA	NEURONAL	TOXIC
COIN	GATED	OZONE	TRACE
COPPER	GRAM	PULP	WARMING
DRILLING	INDIUM	RESEARCHER	WIRE

Solution for Puzzle 36

Puzzle 37

```
S M C O N D E N S E D M S H D
S Y M I N E O P A Q U E W C D
A M E T H A N O L I I H A O L
R K O R A C I D S S M E L R I
B A T T E R I E P H O L L R G
D N S I A A A C V E L E O E H
I U Y O R C C A H A Y C W S T
O M N N M T S T B T B T G P W
D B A I E R U A O H D R W O E
E E P C L E L L M E E O E N I
T R T R T N P Y B N N D L D G
L J I J I D H S A M U E D I H
O B C W N X U T R A M A N N T
B F O R G E R E D I X O H G R
O A L K A L I N E T L O M B R
```

ACID	CATALYST	MELTING	RAMAN
ALKALINE	CONDENSED	METHANOL	REACT
ATOM	CORRESPONDING	MINE	SHEATHE
BATTERIE	DIODE	MOLTEN	SULPHUR
BOLTED	ELECTRODE	MOLYBDENUM	SWALLOW
BOMBARD	FORGE	NUMBER	SYNAPTIC
BRASS	IONIC	OPAQUE	TREND
CAESIUM	LIGHTWEIGHT	OXIDE	WELD

Solution for Puzzle 37

Puzzle 38

```
D E T E C T O R O T C A E R Q
Q C A M M O N I U M I T Y F R
U P T A K E E S O O A A I S N
P X F S O L I D X R G N E Y O
E L B U L O S I D F O I L P B
P R A S E O D Y M I U M D I E
T J M S N A H H H S L H L G L
N I S O T O P E O V O E A M I
O E N I B I E Q L R Y A M E U
S U O R O P C N M Z D V R N M
I N A S C A N D I U M Y E T R
O C E F A L L O U T I P H Z W
P F E R M I U M M U E K T J K
L A N E R E F I N I N G C Q E
U Q U A N T I T Y V A P O R T
```

AMMONIUM HYDRO POROUS SOLUBLE
CARBOHYDRATE ISOTOPE PRASEODYMIUM THERMAL
DETECTOR NEON QUANTITY UPTAKE
FALLOUT NOBELIUM REACTOR VAPOR
FERMIUM OXIDATION REFINING YIELD
FOIL PIGMENT RENAL
HEAVY PLASTIC SCANDIUM
HOLMIUM POISON SOLID

Solution for Puzzle 38

Puzzle 39

```
G R E E N H O U S E G C L H S
S G C O I N A G E A I L F A C
J T U N G S T E N D T O M S O
C H A I N A R G O N C U W S N
B F P B I O D I N E I H N I T
E I K R L A R E D V U A E U A
A B D E R E K C O L B L P M M
R R C V P C A R B O N U T M I
I E P L A T E D F M D M U U N
N N Y I E L C I S E V I N I A
G X L S F I B E R T R N I R T
H K R I B O R O N A Z U U E I
X L M A N T L E B L N M M C O
L E E T S E A B O R G I U M N
B D E D N O B I O M A S S M G
```

ALUMINUM	CARBON	GREENHOUSE	PLATED
ARGON	CERIUM	HASSIUM	SEABORGIUM
BARIUM	CHAIN	INLINE	SILVER
BEARING	COINAGE	IODINE	STABLE
BIOMASS	CONTAMINATION	MANTLE	STEEL
BLOCKER	FIBER	METAL	TUNGSTEN
BONDED	FIBRE	NEPTUNIUM	VESICLE
BORON	FLEROVIUM	PERIODIC	

Solution for Puzzle 39

Puzzle 40

```
D S U T G N I D L E I H S Z Z
M U I L E H G A S E O U S E E
A L W E L D I N G L O F T N R
F F C A L C I U M N B A A U E
Y I A T O M I C O R R T C R D
E D L E T Y A S M A R I I I E
J E R T Q R I N P Q R T D N F
O L A A R O H E I T G N I A I
A U D F P A S J I F T E C R N
S C O L O P T N S R O V J Y E
M E N U K B C I X C O L O N G
O L C S P X E N O N D O D K Y
K O C R Y S T A L N D S Z J X
E M D I G E S T I V E Q O X O
J K E X C I T A T I O N W D J
```

ACIDIC	FILTRATION	POISONOUS	SOLVENT
ATOMIC	GASEOUS	RADON	SULFATE
CALCIUM	HELIUM	RAMSAY	SULFIDE
COLON	MANIFOLD	REDEFINE	URINARY
CRYSTAL	MOLECULE	SEPARATE	WELDING
DIGESTIVE	NITRIC	SHIELDING	XENON
EXCITATION	OXYGEN	SMOKE	

Solution for Puzzle 40

Puzzle 41

```
N E T I S O P M O C C I G N P
E I L S T R O N T I U M C G O
U N H Y E Y S I L I C O N T N
T S C B M U T E N S I L Q E T
R T H O F P R I N F L U X C I
O E A M I T H A R S A B T H A
N I S B X C I O N U U O E N C
S N S A A R H T C I P F R E I
I I I R T H X L A Y U M B T L
L U S D I O U W O N T M I I L
I M C M O D U R Y R I E U U A
C B I E N I Y T T R I U M M T
A X Q N D U P R O T O N M Z E
K Q B T Q M I O N I Z E E H M
I N O R G A N I C H R O M E K
```

BOMBARDMENT	IMPURITY	PONTIAC	TERBIUM
CHASSIS	INFLUX	PROTON	TITANIUM
CHLORINE	INORGANIC	RHODIUM	URANIUM
CHROME	IONIZE	SILICA	UTENSIL
COMPOSITE	LYMPHOCYTE	SILICON	YTTRIUM
EINSTEINIUM	METALLIC	STRONTIUM	
FIXATION	NEUTRON	TECHNETIUM	

Solution for Puzzle 41

Puzzle 42

```
L R A E L C U N L I A R G S R
I X J R T E H U R D R A M I Q
V N A L W X B A N W S D I G M
E P O S H T U O D A E I N N E
R X D I T R M H N W N O I A U
M U N I T A L P I O I A N L R
O D V N I C T U P P C C G I O
R S I D V T A I X D X T K N P
I M T R N I M R N M E I V G I
U E A R N O V A T E F V F B U
M T M M D N D G G N N E N N M
G H I S E K M U I N O L O P J
I Y N F L U O R I N E C G D Y
E L T H A L L I U M B T X P Y
Y P E S T I C I D E Y U B U Q
```

ARSENIC
ASTATINE
CHADWICK
CONTRACTION
DIAMOND
EUROPIUM
EXTRACTION
FLUORINE
GRAIL
LIVERMORIUM
MAGNET
METHYL
MINING
NUCLEAR
PESTICIDE
PLATINUM
POLONIUM
RADIOACTIVE
SIGNALING
THALLIUM
VITAMIN

Solution for Puzzle 42

Puzzle 43

```
P M E T H A N E D I R Y E A B
R I R R K D M N O H O A D B I
I N A Z E S O I P M E T R B O
M S D M L P S M I H N M N R P
O U I T L E O O N Y T O S E S
R L U H E C D R G D G S Y V Y
D I M U R T I B C R E P N I N
I N U L N R U O O O N H T A P
A Y I I U O M H B X I E H T K
L E M U C M E R A I U R E I E
J L D M L E N I L D M E S O T
Q L A R E T D U T E G R I N T
S O C G U E C M H N R E Z D L
K W V Y S R E Y R U C R E M E
G W G W A S T E W A T E R Z Q
```

ABBREVIATION COBALT   MERCURY   SODIUM
ATMOSPHERE   DOPING   METHANE   SPECTROMETER
BIOPSY   HYDROXIDE   NUCLEUS   SYNTHESIZE
BOHRIUM   INSULIN   PRIMORDIAL   THULIUM
BROMINE   KELLER   RADIUM   WASTEWATER
CADMIUM   KETTLE   ROENTGENIUM   YELLOW

Solution for Puzzle 43

Puzzle 44

```
C F M V H C A I R I D I U M Y
M Y U B B O B D E P O S I T S
D O I R O O N S A B D Z F C A
Z S C O V R O C G E I C C H W
S Y N W M D R O E R A O Y L P
E N A S V I M P N Y R N L O A
L T R E K N A E T L R T I R R
E H F R R A L R L L H A N I T
N E I Y Y T I N S I E M D D I
I S S J P I T I T U A I E E C
U I S F T O Y C R M G N R J L
M S I O O N M I N E R A L W E
F J O U N G M U I N I T C A O
O D N P M U I M Y D O E N P S
N A F R E A C T I O N C E F M
```

ABNORMALITY
ACTINIUM
BERYLLIUM
BROWSER
CHLORIDE
CONTAMINATE
COORDINATION
COPERNICIUM
CYLINDER
DEPOSIT
DIARRHEA
FISSION
FRANCIUM
IRIDIUM
KRYPTON
MINERAL
NEODYMIUM
PARTICLE
REACTION
REAGENT
SELENIUM
SYNTHESIS

Solution for Puzzle 44

Puzzle 45

```
E H E L R R R E S E A R C H P
P L H A M U I N O H I N H R N
W T E V I T C A E R L F E U E
P Q T C N H B O B Q R E M T P
H H I J T E R E A C F O I H R
O J H N Z R G W R T Z V C E E
S A P O I F O O L K I Q A N D
P L A R X O J L R E E N L I I
H K R T A R B R Y D H L G U C
O A G C D D Z I O T Y K E M T
R L T E M I E S U M E H B Y E
U I D L M U I N A M R E G R D
S C Q E G M H A R D N E S S L
S U B S T I T U T I O N S P C
F C M E N D E L E V I U M F P
```

ALKALI
BERKELEY
CHEMICAL
COATING
ELECTROLYTE
ELECTRON
GERMANIUM
GRAPHITE
HARDNESS
HYDROGEN
MENDELEVIUM
NIHONIUM
NIOBIUM
PHOSPHORUS
PREDICTED
REACTIVE
RESEARCH
RUTHENIUM
RUTHERFORDIUM
SUBSTITUTION

Solution for Puzzle 45

Puzzle 46

```
A L U M I N I U M K P V D C G
T D H A F N I U M O R W Y A I
H X G A S T R I C I O I S T N
O B C H D S C I A G T R P H L
R T H P F T I C T A A Z R O S
I R E L S A N H A D C O O D A
U A M U L I G E L O T R S E B
M N I T I N E V Y L I G I C D
Y S S O G L S R T I N A U O O
N F T N H E T O I N I N M M M
V O R I T S I L C I U I F P I
Z R Y U E S O E K U M C C O N
T M G M R A N T I M O N Y S A
S U P E R S T R U C T U R E L
B S E M I C O N D U C T O R I
```

ABDOMINAL	CHEVROLET	INGESTION	STAINLESS
ALUMINIUM	DECOMPOSE	LIGHTER	SUPERSTRUCTURE
ANTIMONY	DYSPROSIUM	ORGANIC	THORIUM
CATALYTIC	GADOLINIUM	PLUTONIUM	TRANSFORM
CATHODE	GASTRIC	PROTACTINIUM	
CHEMISTRY	HAFNIUM	SEMICONDUCTOR	

Solution for Puzzle 46

Puzzle 47

```
P M L A N T H A N U M A T O L
V N U P R O D U C T P N S H N
U M U I M O R H C Z E E L C H
U D U S D G I E R M N G N H E
K U V L U A S Y I I I A M E L
B D A H T O L R L P T L U M U
I I L S X R E L K V R E I I T
S E E M G P A N A C O S S C E
M T N I X T G V A P G U S A T
U A C E S H H X I T E F A L I
T R E Y A N X C E O N X T L U
H Y R E S I D U A L L O O Y M
Z C H A M M E R E D Z E P D H
I R E F L E C T O R O T T S W
D L C R Y S T A L L I Z E P U
```

BISMUTH
CHEMICALLY
CHROMIUM
CRYSTALLINE
CRYSTALLIZE
DIETARY
EXPERIMENT
FUSELAGE
HAMMERED
LANTHANUM
LUTETIUM
NITROGEN
PALLADIUM
POTASSIUM
PRODUCT
REFLECTOR
RESIDUAL
SPONTANEOUS
ULTRAVIOLET
VALENCE

Solution for Puzzle 47

Puzzle 48

```
Y Y X F L U O R E S C E N T J
P R E P A R E D E M N E U U J
M O D E R A T E U J T N M Z C
G N I D N O B I E A O U A H A
A W R P T A R T H I I D U Y L
L E D F Z E A P T C N Q D D I
L L L Y N N S C N A O R N R B
I B S T O O U E W F X D U O R
U N I B H R R F V C B K O C A
M E R P T W P T F R G O P A T
M A N S A T A N T A L U M R I
C K B L E M I S S I O N O B O
I O P P O L L U T A N T C O N
Q E T Y J R A D I A T I O N T
S C O R R O S I O N C W T U S
```

BONDING   EMISSION   MEITNERIUM   PREPARED
CALIBRATION   FLUORESCENT   MODERATE   RADIATION
CARBONATE   GALLIUM   OBSTRUCTION   TANTALUM
COMPOUND   HYDROCARBON   PHOSPHATE
CORROSION   LAWRENCIUM   POLLUTANT

Solution for Puzzle 48

Y	Y	X	F	L	U	O	R	E	S	C	E	N	T	J
P	R	E	P	A	R	E	D	E	M	N	E	U	U	J
M	O	D	E	R	A	T	E	U	J	T	N	M	Z	C
G	N	I	D	N	O	B	I	E	A	O	U	A	H	A
A	W	R	P	T	A	R	T	H	I	I	D	U	Y	L
L	E	D	F	Z	E	A	P	T	C	N	Q	D	D	I
L	L	L	Y	N	N	S	C	N	A	O	R	N	R	B
I	B	S	T	O	O	U	E	W	F	X	D	U	O	R
U	N	I	B	H	R	R	F	V	C	B	K	O	C	A
M	E	R	P	T	W	P	T	F	R	G	O	P	A	T
M	A	N	S	A	T	A	N	T	A	L	U	M	R	I
C	K	B	L	E	M	I	S	S	I	O	N	O	B	O
I	O	P	P	O	L	L	U	T	A	N	T	C	O	N
Q	E	T	Y	J	R	A	D	I	A	T	I	O	N	T
S	C	O	R	R	O	S	I	O	N	C	W	T	U	S

Puzzle 49

```
F E D K R U N D E R G O N E V
I M I A D S O R P T I O N S H
O P O Y R O T A R O B A L T A
N M U J J M V J J W O B I E O
I O Z R J K S D M G Q Q L R T
Z D J T I U O T O O E F E C O
A E A R O F B D A H Y S L A M
T R W S K X I W X D E N Y D O
I A I H B Y I C E N T K Z M G
O T G V A E O C A A P I V I R
N O S V E G S G I T V U U U A
H R F E F N N T Y T I B Q M P
N M A G O A T S O I Y O D L H
Q D P H M I F C A S O L N F Y
Q S D S E P A R A T I O N B C
```

ADSORPTION IONIZATION PURIFICATION UNDERGO
ASBESTOS LABORATORY SEPARATION
DARMSTADTIUM MANGANESE TOMOGRAPHY
ESTERCADMIUM MODERATOR TOXICITY

Solution for Puzzle 49

Puzzle 50

```
P R E C I P I T A T E D R T W
I N T R A C E L L U L A R C J
Y E M U I N T E S T I N A L K
L D E F I C I E N C Y Q C N S
E O I N S E C T I C I D E A E
V S C C M A G N E S I U M T L
I V S T I F F N E S S D B U E
T E L L U R I U M Z Q W A R C
C H A M E R I C I U M H V A T
E D I S T I L L A T I O N L I
P S T U D Y I N G Z B T M L V
S U B S T A N C E H K Q A Y I
E F L U O R E S C E N C E W T
R B S O L U B I L I T Y U M Y
F N K I L O G R A M I R S C E
```

AMERICIUM
DEFICIENCY
DISTILLATION
FLUORESCENCE
INSECTICIDE
INTESTINAL
INTRACELLULAR
KILOGRAM
MAGNESIUM
NATURALLY
PRECIPITATE
RESPECTIVELY
SELECTIVITY
SOLUBILITY
STIFFNESS
STUDYING
SUBSTANCE
TELLURIUM

Solution for Puzzle 50

Puzzle 51

```
D T D G A S I R I D I U M C L
E E E M A N H O L M I U M H A
C A T A L Y Z E H Y D R O L R
A M A S Q K U N D E R G O O G
Y T L S E N A H T E M G C R O
B L P L I M E S Z C N A G I N
R A K Y M N U E I I F T G D K
A B T H J R D C N N E O R E S
M O I T C I R I C O R M O W H
S C M E E O M R U I M I U I E
A G E M P R E N I M I C P R A
Y O Q A A C I D I C U R Q E T
H A V P H A S E R O M T I N H
K K C A R B O H Y D R A T E E
C O N T R A C T I O N I O C U
```

ACIDIC	CRUST	LIME	RAMSAY
ARGON	DECAY	MASS	SEC
ATOM	EMIT	METHANE	SHEATHE
ATOMIC	FERMIUM	METHYL	TEAM
BATTERIE	GAS	MINE	TIN
CARBOHYDRATE	GROUP	MINING	UNDERGO
CATALYZE	HOLMIUM	NAME	VAPOR
CHLORIDE	HYDRO	OAK	WIRE
COBALT	INDIUM	ORE	ZINC
COIN	IONIC	PHASE	
CONTRACTION	IRIDIUM	PLATED	

Solution for Puzzle 51

Puzzle 52

```
D T U B I N G L B O R O N U F
L Y H T E C H N E T I U M L A
S M O K E N E P T U N I U M T
H A L N O B E L I U M A K O T
A M T L A S U L F U R F D X Y
L M O E L E A D I J S O O I N
F O X G C K N C M O L I W D E
B N I H L O I Y A W E L D E U
E I C A M N A D I C A L X F R
M A C A R R U T H E N I U M O
O Q I E K A T N I M L E L Z N
R D P R A E L C U N R D F M A
H O A N T I M O N Y G G N I L
C C A Q U E O U S V C M I N T
D A T E C D E P L E T I O N E
```

ACID	DEPLETION	MIN	SMOKE
ALKALI	DIAMOND	MINT	SULFUR
AMMONIA	DOW	MOL	TECHNETIUM
ANTIMONY	ETHYL	NEPTUNIUM	TOXIC
AQUEOUS	FATTY	NEURONAL	TUBING
BORON	FOIL	NOBELIUM	WELD
CHROME	HALF	NUCLEAR	YIELD
COATING	INFLUX	OXIDE	
COPERNICIUM	INTAKE	RUTHENIUM	
DATE	LEAD	SALT	

Solution for Puzzle 52

Puzzle 53

```
C A H P L A B O R A T O R Y E
O G A T E D P E J N W S B O R
N S G S I P O X M U R E L L A
T E C P Y L I T U C A R A L R
A P A E H A S R N L D U M A O
M A D C E T O A I E I M O D M
I R M T L I N C M U A Q L M A
N A I R I N O T U S T U E B T
A T U O U U U M L M I A C L I
T I M M M M S G A O O R U O C
I O R E F I N I N G N T L C U
O N Y T I N U I T P N Z E K B
N T A R G E T M O L T E N E I
N K S Y V Q S O L V E N T R C
G B E T A B R A S S L A C E T
```

ALLOY
ALPHA
ALUMINUM
AROMATIC
BETA
BLOCKER
BRASS
CADMIUM
CONTAMINATION

CUBIC
EXTRACT
GATED
HELIUM
INUIT
ION
LABORATORY
LACE
MAGNET

MOLECULE
MOLTEN
NUCLEUS
PLATINUM
POISON
POISONOUS
QUARTZ
RADIATION
RARE

REFINING
SEPARATION
SERUM
SOLVENT
SPECTROMETRY
TARGET

Solution for Puzzle 53

Puzzle 54

```
B P L A S M A Z N U M B E R T
L O E L I T H I U M N E O N E
R A M A N B F I S S I O N A A
W Y U B F B E A R I N G H G M
U P F A A C E R A M I C N T M
M L E U F R M I K N O I N A O
A V C S L U D G E E M M O V N
N A A E R A D O N R L U R I I
T L G T R K I N A S E I T T U
L E R A N L E W O B V M U A M
E N A B F S O Z O N E S E M S
H C M L S C A R B O N O N I O
V E W E T H O R I U M I I N D
P U L P E T T U B A R I U M A
F O R G E D I G E S T I V E K
```

AMMONIUM
ANION
BARIUM
BEARING
BERKELIUM
BOMBARD
BOWEL
BUTTE
CARBON
CERAMIC

DIGESTIVE
ESSEN
FISSION
FORGE
FUEL
FUME
GRAM
KINASE
LITHIUM
MANTLE

NEON
NEUTRON
NUMBER
OSMIUM
OZONE
PLASMA
PULP
RADON
RAMAN
SLUDGE

SODA
TABLE
THORIUM
ULCER
VALENCE
VITAMIN
WARMING

Solution for Puzzle 54

Puzzle 55

```
L L T E N N E S S I N E K Q D
M A K K P S N I T R I C S S B
A S G C T R E N D T M O E V S
O E O E Z N O R B M U O L C I
P R L P Q J D D P U I R E O L
A O D G O N I J U I N D C N I
Q S L L D R L Z W C A I T T C
U L T L I Q O O U I T N I A A
E D S A U G S U W R I A V M K
E C A R T T H X S E T T I I E
G R A I L I A T G M X I T N L
I N E R T V N N E A B O Y A L
O R G A N I C E T R I N R N E
R I V E T B E R K E L E Y T R
C O L O N O X I D A T I O N F
```

AMERICIUM	GOLD	OPAQUE	SELECTIVITY
ASTATINE	GRAIL	ORGANIC	SILICA
BERKELEY	INERT	OXIDATION	SOLID
BRONZE	KELLER	POLLUTANT	TENNESSINE
COLON	LASER	POROUS	TITANIUM
CONTAMINANT	LIGHTER	PRODUCT	TRACE
COORDINATION	NITRIC	RIVET	TREND

Solution for Puzzle 55

Puzzle 56

```
H J T Y E L L O W Z Y Z G E E
A F I S O T O P E T C N R S R
H P O C H A S S I S I U D Y B
N H N R G D J R G L T L E M I
E O I H Q F U H A C H G L B U
U S Z E Y P P N U E A K B O M
R P E N M Q G R K N F E U L S
O H W I P I T C I N N T L M W
P A E U S S I O U O I T O E A
I T O M R W C L I T U L S R L
U E P E D C L A C I M E H C L
M R P A C O R R O S I O N U O
R U H P L U S A R A W A K R W
S C G V B R O W S E R X U Y B
R E A C T C A E S I U M S A O
```

BROWSER	ERBIUM	KETTLE	SOLUBLE
CAESIUM	EUROPIUM	MERCURY	SULPHUR
CHADWICK	HAFNIUM	PHOSPHATE	SUPERSTRUCTURE
CHASSIS	HAHN	REACT	SWALLOW
CHEMICAL	IMPURITY	RHENIUM	SYMBOL
COINAGE	IONIZE	SARAWAK	TONNE
CORROSION	ISOTOPE	SIGNALING	YELLOW

Solution for Puzzle 56

Puzzle 57

```
G E N I H O N I U M G N Y W M
P E L D E T E C T O R V M I O
N V H C Z N S E A W A T E R L
M E E D I F L U S E L T L O Y
E U G U X T G P H V Y E T B B
T R I Y T T R I U M M R I S D
H I R X X C J A C J P B N T E
A N O E J O W I P Y H I G R N
N A N N D Y D I Z S O U W U U
O R S O X O G E W P C M C C M
L Y E N I M O R B O Y R H T E
C R G R E M U I N I T C A I T
B N E N I L N I R B E A I O A
Z P T R E A C T I O N T N N L
H A S S I U M G A L L I U M B
```

ACTINIUM
BIOPSY
BROMINE
CHAIN
DETECTOR
GALLIUM
HASSIUM
HEAVY
INLINE
IRON
LYMPHOCYTE
MELTING
METAL
METHANOL
MOLYBDENUM
NIHONIUM
OBSTRUCTION
OXYGEN
PARTICLE
PERIODIC
PIGMENT
REACTION
SEAWATER
SULFIDE
TERBIUM
URINARY
XENON
YTTRIUM

Solution for Puzzle 57

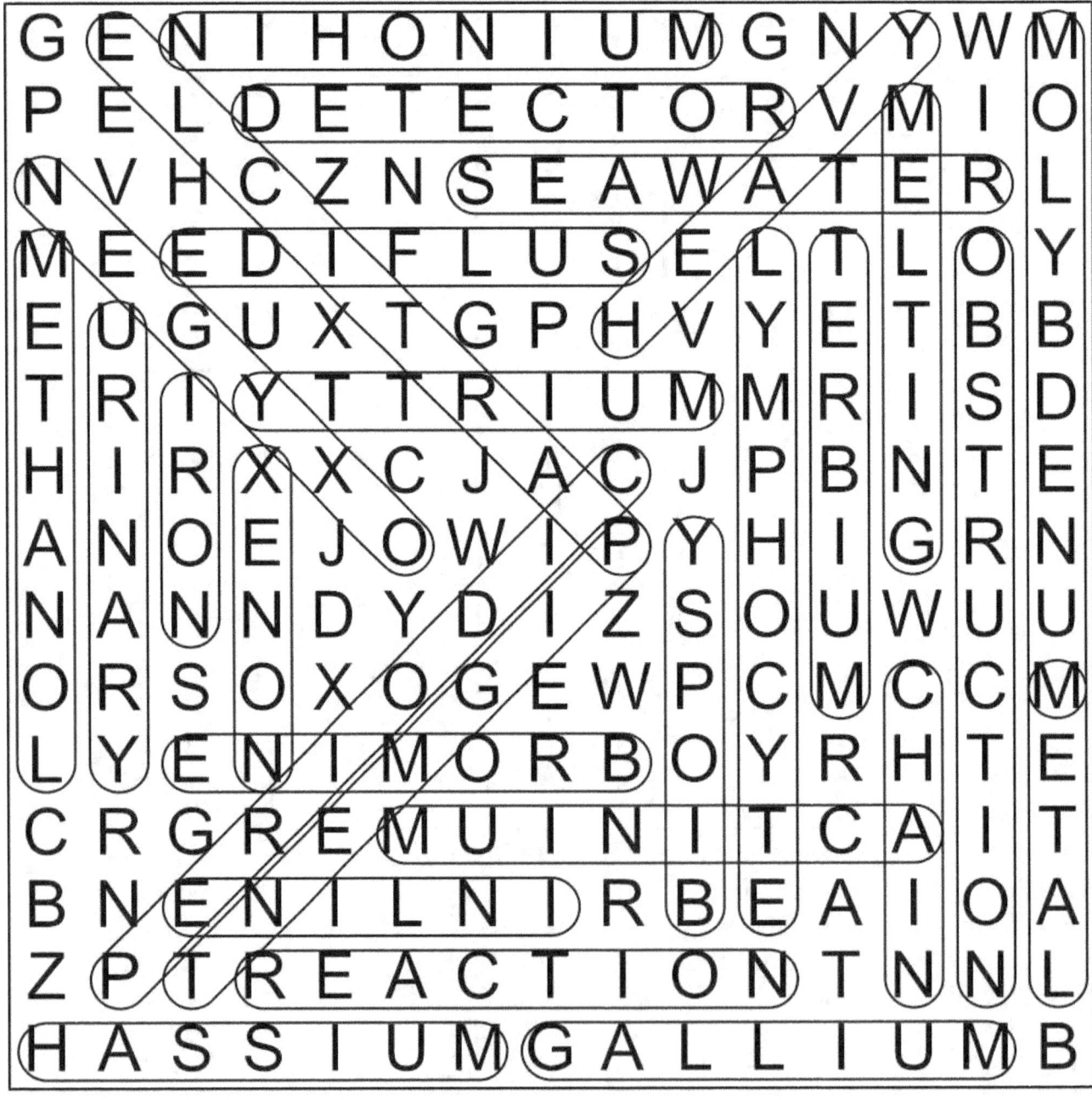

Puzzle 58

```
A D U R A N I U M Y O S R S P
S C R T N N O I T U L O S L R
B F U S I O N I S O D I U M O
E F O F X U L S H Z D U C M M
S I P W P I A R L N E M H Z E
T B A O B M X B O L T F E R T
O R V U O M L I C T L L M H H
S E L I D I T I Y R O E I O I
Q O B S S P S R K M B R C D U
S P A N R E D O I D C O A I M
D A E O V I O D I N E V L U Q
Q T S S E L E N I U M I L M B
U D M A N I F O L D P U Y P S
A W E L D I N G G A M M A R D
S T A B L E H A M M E R E D I
```

ADSORPTION   FLEROVIUM   RHODIUM   UTENSIL
ASBESTOS   FUSION   SELENIUM   VAPOUR
BIOMASS   GAMMA   SODIUM   VESICLE
BOLTED   HAMMERED   SOLUBILITY   WELDING
CHEMICALLY   IODINE   SOLUTION
DIODE   MANIFOLD   STABLE
FIBRE   PROMETHIUM   URANIUM

Solution for Puzzle 58

Puzzle 59

```
C T P I V H C G A S T R I C G
U H T R O T A R E D O M F R R
R A C M A T M O S P H E R E A
I L C Y I S S P O O W C M A P
U L Y C L S E D L C T U L C H
M I S A B I Q O W A I W E T I
T U T T O L N E D L S T K O T
O M A H N V K D L Y I T C R E
X R I O D E Q Y E S M P I D R
I A N D E R R B O R Y I N C S
C D L E D E E P P Q C B U I T
I I E A B T M C E R I U M M E
T U S M J O N U T R I E N T E
Y M S L C G E R M A N I U M L
Z B O M B A R D M E N T Z F I
```

ATMOSPHERE
BERYLLIUM
BOMBARDMENT
BONDED
CATHODE
CERIUM

COMPOSITE
CURIUM
CYLINDER
GASTRIC
GERMANIUM
GRAPHITE

MODERATOR
NICKEL
NUTRIENT
PLASTIC
PRASEODYMIUM
RADIUM

REACTOR
SILVER
STAINLESS
STEEL
THALLIUM
TOXICITY

Solution for Puzzle 59

Puzzle 60

```
Y V D E P O S I T G G E S O F
R R F R G E L E M E N T A L L
U A A R S E N I C I Y T W Q U
B T L L R E B I F H L H B J O
I F L R U W C E X A H Y P Y R
D N O E C L D X N U C V I E E
I I U N K E L I W N B L N N S
U T T A R U T E E I O I S I C
M R R L M S Z I C M L V U O E
N A Z D E W C W T A P B L B N
V T P T O I B B K O R A I I C
N E N R F H P L Q W K T N U E
Q I B E S L A T T I C E X M L
W K D T P E M I S S I O N E P
J S B T O M O G R A P H Y O X
```

ALKALINE	EMISSION	INSULIN	REDEFINE
ARSENIC	EXTRACELLULAR	INTESTINAL	RENAL
DEFICIENCY	FALLOUT	LATTICE	RUBIDIUM
DEPOSIT	FIBER	NIOBIUM	TOMOGRAPHY
ELEMENTAL	FLUORESCENCE	NITRATE	

Puzzle 61

```
R J N E P R O T O N T H A E P
A M O D E R A T E E Y A G L R
D P T I S Z M H L D G L S H I
I O P X T B U L R K M U Y Y M
O T Y O I J U O N U B M T D O
A A R I C R X M I Y U I E R R
C S K D I I A R Q I L N G O D
T S X U D R H R R A M I A G I
I I M E E O E A M R Q U L E A
V U Q X B U M R T D D M E N L
E M R J E A O F Q O U I S H D
A W X D S N P O L O N I U M O
Z M S D B G A S E O U S F B E
M E K A T P U C R Y S T A L I
M E L E C T R O D E T H I W Q
```

ABNORMALITY
ALUMINIUM
BOHRIUM
CRYSTAL
DIOXIDE
ELECTRODE
FUSELAGE
GASEOUS
HYDROGEN
HYDROXIDE
KRYPTON
MODERATE
PESTICIDE
POLONIUM
POTASSIUM
PRIMORDIAL
PROTON
RADIOACTIVE
SAMARIUM
TELLURIUM
UPTAKE

Solution for Puzzle 61

Puzzle 62

```
J N R F I X A T I O N B M D N
P R E D I C T E D V H U C G A
I N F P C O P P E R I I N T O
C A L D M K B T H R L I M A M
H H E O B I M Q O L D U N N C
R R C P S K E M A N I S O T J
O E T I Q A R T O V U I C A D
M A O N O E E P E P T I I L I
I G R G V M S L D C L A L U E
U E E I M E E L A R E N I M T
M N L V R D O R Q S K N S V A
J T E R N L T T H U L I U M R
P J O E A X J B O N D I N G Y
A C M T E L O R V E H C B K A
U L D C O N T A M I N A T E H
```

BONDING
CHEVROLET
CHROMIUM
CONTAMINATE
COPPER
CORRESPONDING
DIETARY
DOPING
EXTRACTION
FIXATION
LIVERMORIUM
MENDELEVIUM
METALLIC
MINERAL
PREDICTED
REAGENT
REFLECTOR
SILICON
TANTALUM
THULIUM

Solution for Puzzle 62

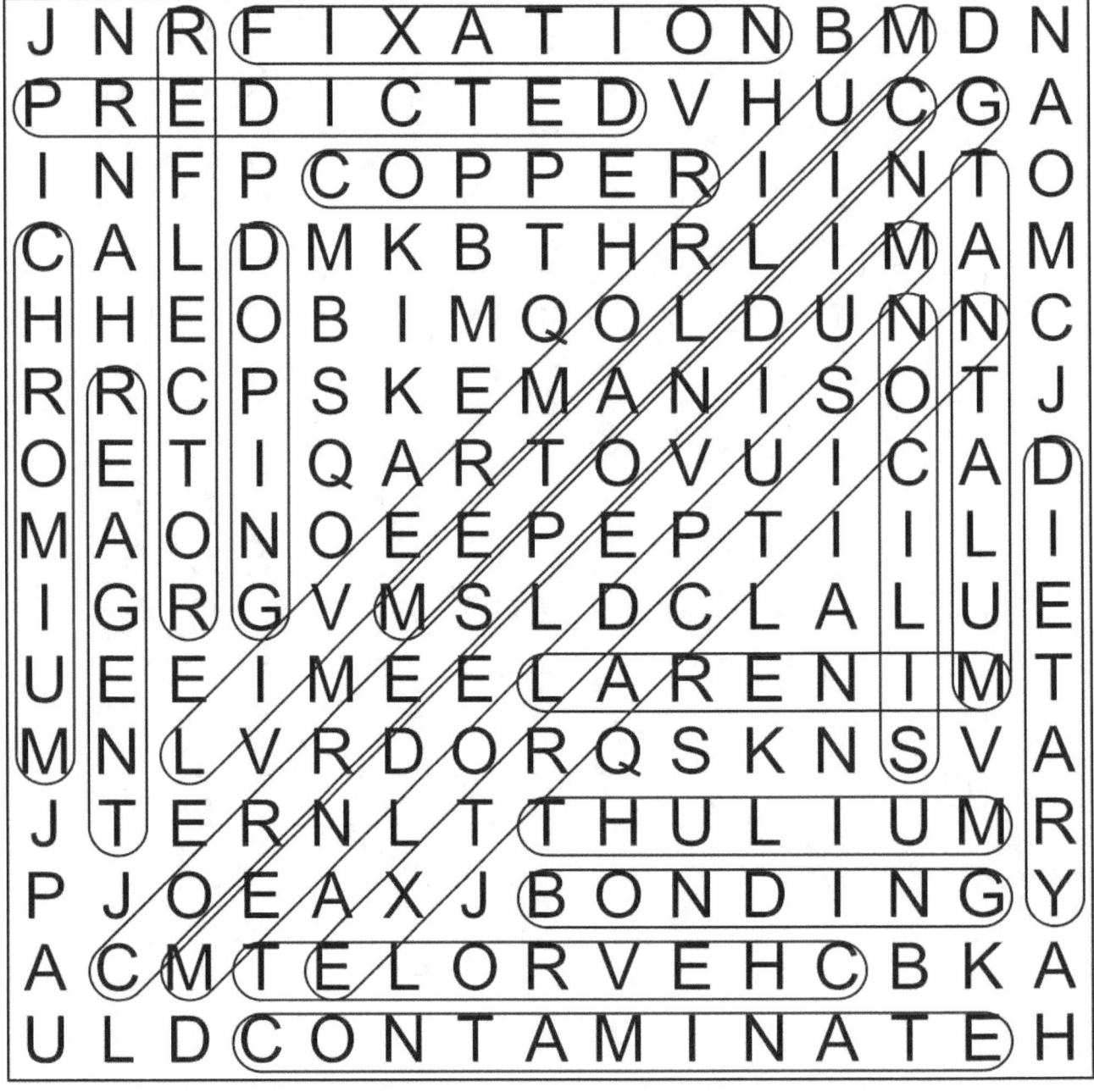

Puzzle 63

```
N G O R B C H L O R I N E D P
T H E R M A L T G N P M Y N U
S E S E N A G N A M L U O J R
T H T U M S I B A V U I S T I
I E P V R D X R G E T N Y P F
F C Y X L C G I O U O B N A I
F F E E E O I Y T I N U T L C
N O I U L Q T I T E I D H L A
E H U I J I T A Q Q U G E A T
S C K V T S R V X P M W S D I
S J T N B T L L D R Z X I I O
F G A U L E L E M E N T Z U N
W U S I T U N G S T E N E M Q
Q E F I O N I Z A T I O N G C
V Z D E C O M P O S E O E K O
```

BISMUTH FILTRATION PLUTONIUM SUBSTITUTION
CHLORINE IONIZATION PURIFICATION SYNTHESIZE
DECOMPOSE KILOGRAM QUANTITY THERMAL
DUBNIUM MANGANESE SHIELDING TUNGSTEN
ELEMENT PALLADIUM STIFFNESS

Solution for Puzzle 63

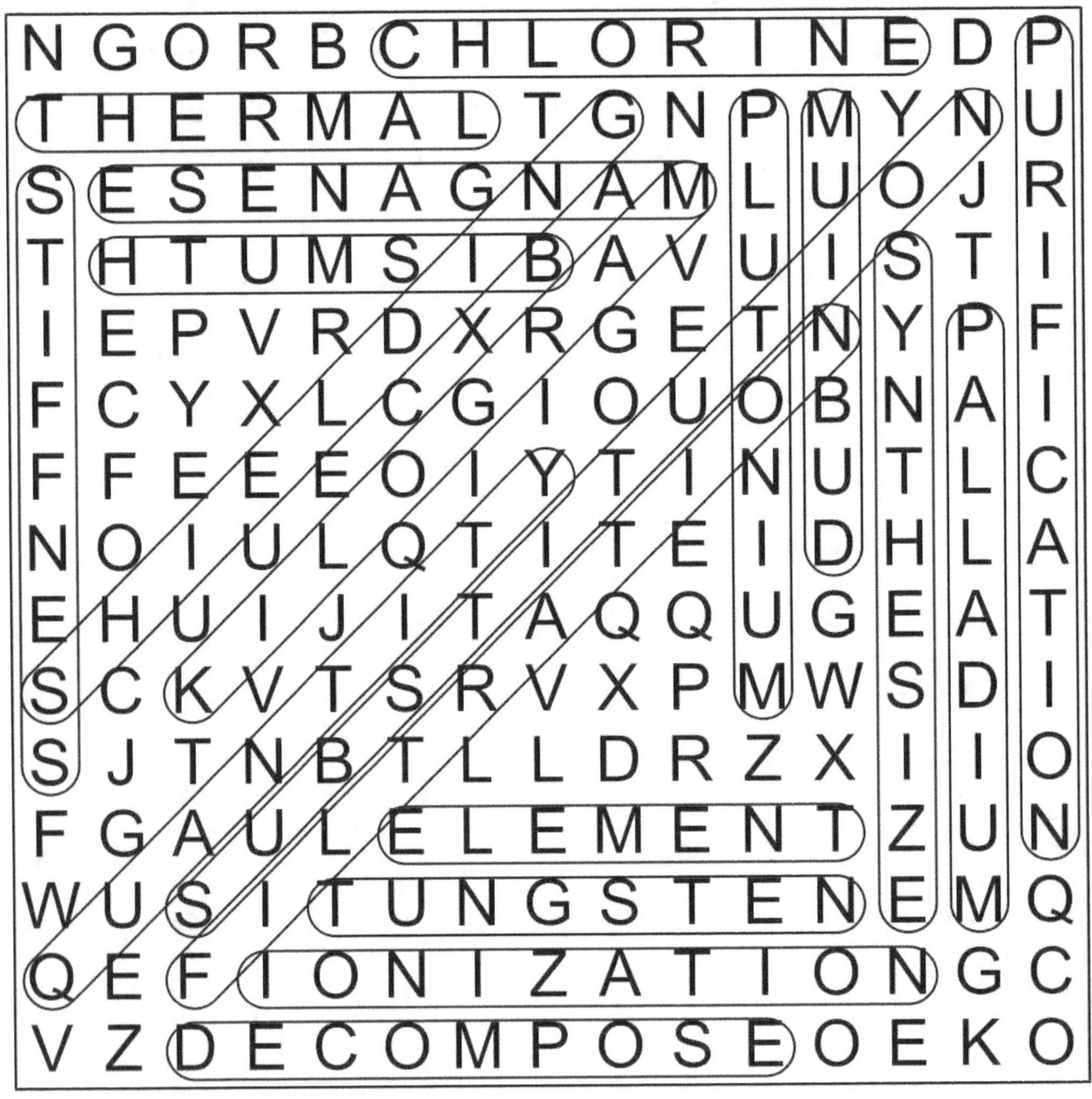

Puzzle 64

```
R E S I D U A L A O F T L H X
O R C L U T E T I U M V U X F
C P A R E A C T I V E F R R L
C R L P T M M F N S N L Q N U
M O C O N D E N S E D U N E O
E T I K M L Z E G S E O N D R
L A U M M F N O T T S R A P E
E C M P H D R R A S U I T O S
C T H C R T O R E Q L N U N C
T I O A I N A N P A F E R T E
R N H N T P A B E O A P A I N
O I F I E G W N E Q T C L A T
N U U S O Q L M N Y E S L C G
G M U I S O R P S Y D W Y L C
R S D A R M S T A D T I U M H
```

CALCIUM
CONDENSED
DARMSTADTIUM
DYSPROSIUM
ELECTRON
FLUORESCENT
FLUORINE
HARDNESS
LUTETIUM
NATURALLY
NITROGEN
OGANESSON
PONTIAC
PROTACTINIUM
REACTIVE
RESIDUAL
SEPARATE
STRONTIUM
SULFATE

Solution for Puzzle 64

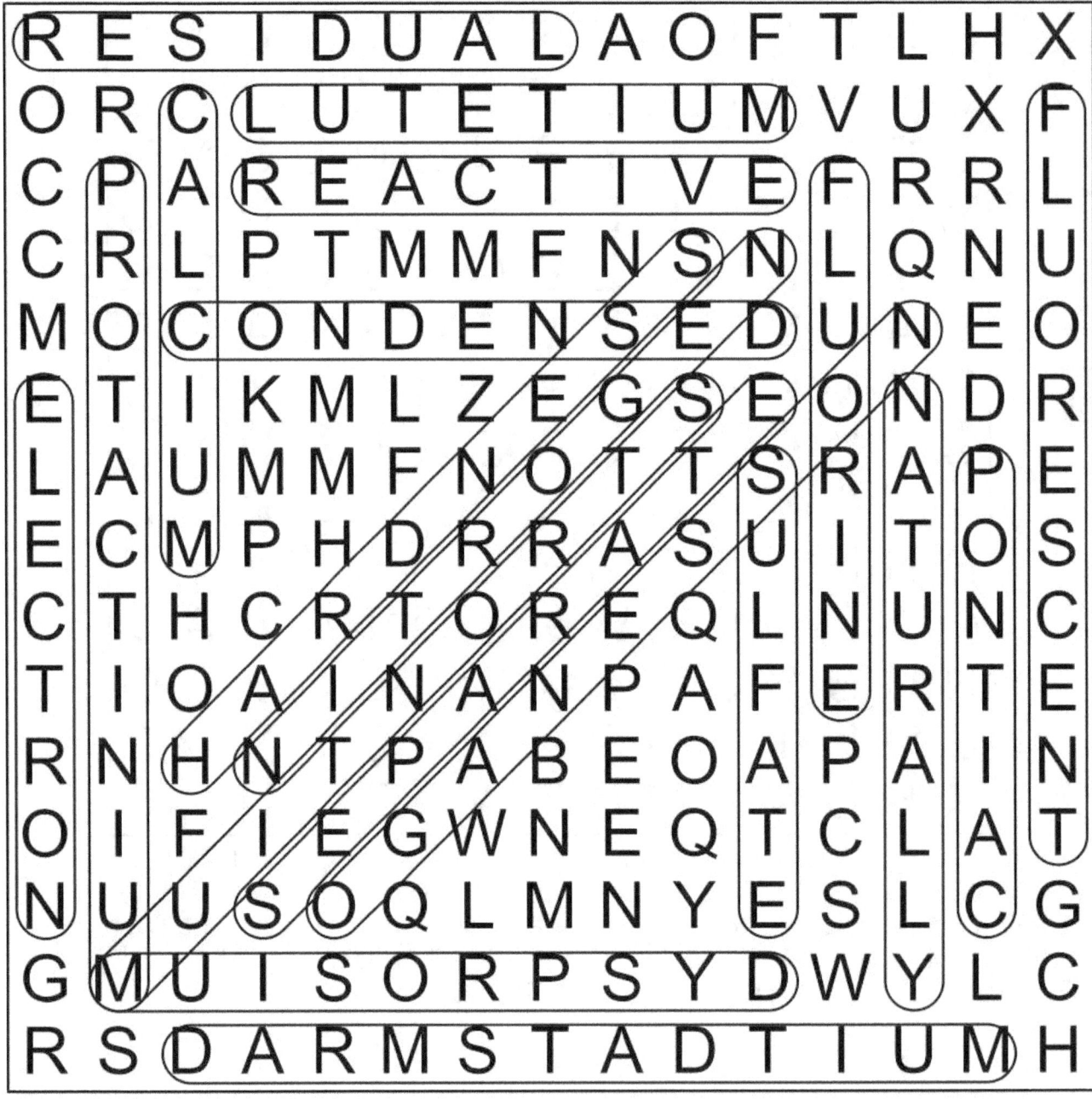

Puzzle 65

```
D P S C A N D I U M T G G I V
R I R S Y N A P T I C R N S F
I A R E T L B K T G F G I O R
L B E S C H A U I F E S P N A
L S S U V I Y N A S E Y O R N
I O E O A I P I T H V B W R C
N R A H N A Z I T H R A Z J I
G P R N A F O N T A A Q B Y U
X T C E D N Y I C A I N O B M
S I H E I S I O Q O T X U F E
N O E R U K R M P C E E L M B
X N R G M D Y Z L Z S B K U X
A Y F W Y L D I A R R H E A W
H J Z H E X P E R I M E N T G
G R O U N D W A T E R J S U X
```

ABSORPTION FRANCIUM INGESTION SCANDIUM
DIARRHEA GREENHOUSE LANTHANUM SYNAPTIC
DRILLING GROUNDWATER PRECIPITATE SYNTHESIS
EXPERIMENT HYDROCARBON RESEARCHER VANADIUM

Solution for Puzzle 65

Puzzle 66

```
C R Y S T A L L I Z E W M S G
C C A T A L Y S T M S Y C Y L
A W O N A C U L U U P H T M R
T I N F I T H I O L G I S U P
A X D X Y Q N E U P V P A I C
L Y U P B I N E M I X T M B O
Y B L O L A R L T I Z O L R M
T Z X O T O X C Q W S A K E P
I F D N A R U A Y C O T X T O
C A O X T D L F O L Q N R T U
G P B H N J H V O S A R A Y N
S D Y O M U I S E N G A M S D
X B C B M U I M Y D O E N X Y
A B D O M I N A L S Z O O P K
N E U T R O N C A L C I U M D
```

ABDOMINAL
CATALYST
CATALYTIC
CHEMISTRY
COMPOUND
CONDUCTIVITY
CRYSTALLIZE
GADOLINIUM
MAGNESIUM
MOSCOVIUM
NEODYMIUM
NEUTRONCALCIUM
SPONTANEOUS
YTTERBIUM

Solution for Puzzle 66

Puzzle 67

```
Q Z D E L E C T R O L Y T E T
E O Y E C I V O Y E R I R E Q
T S T D A N T X N O E N O X J
R U T H R T C H L N T S E C S
A L F E J R A P I A A E N I E
N T V N R A S T B Q W C T T A
S R Y O Q C S B Q L E T G A B
F A R E S E A R C H T I E T O
O V F S T L O D E U S C N I R
R I H N U L I M M X A I I O G
M O I E H U Q J I I W D U N I
A L L C S L U B F N U E M C U
Q E Y R N A C E H M Y M Y C M
Y T O D P R E P A R E D R Y O
M E I T N E R I U M S D D Q G
```

ELECTROLYTE   INTESTINE   RESEARCH   ULTRAVIOLET
ESTERCADMIUM INTRACELLULAR   ROENTGENIUM   WASTEWATER
EXCITATION   MEITNERIUM   SEABORGIUM
INSECTICIDE   PREPARED   TRANSFORM

Solution for Puzzle 67

Puzzle 68

```
V I T A M I N G H Y D R O C T
K S E M I C O N D U C T O R A
R B M W F I L T R A T I O N B
E O U I N J A T O M M I N T L
S M L R G L V C G I O N I C E
E B C E R A M I C P O M D Q L
A A E D L S G A S S A U O E E
R R R E P T U L U S K I W M M
C D N C L G O L D E H N O A E
H C L A U G P O F C C O I N N
E K B Y P H F Y N U O L I M T
R O C F U E L I D D R O R O A
C B O R O N Z M I N E P O L L
I O D I N E C U R I U M N L L
M I N M E T H Y L I M E W B A
```

ALLOY	FILTRATION	MINE	SULFUR
ATOM	FUEL	MINT	SULPHUR
BOMBARD	GAS	MOL	TABLE
BORON	GOLD	NAME	ULCER
CERAMIC	HYDRO	OAK	VALENCE
COBALT	IODINE	ORE	VITAMIN
COIN	IONIC	POLONIUM	WIRE
CURIUM	IRON	PULP	ZINC
DECAY	LIME	RESEARCHER	
DOW	METHYL	SEC	
ELEMENTAL	MIN	SEMICONDUCTOR	

Solution for Puzzle 68

Puzzle 69

```
X T R A C E L I G H T E R Y F
H E M A S S N L E E T S O F R
P A Q C Y L I N D E R X M U A
R M Q Q M U I M R E F U U M N
A L E A D R Z H M I I E U E C
S V A P O U R U W N G I N U I
E C T U N K I V E L N N O R U
O L L X O T R L D I D C B O M
D F A T E B E Y T N E O E P A
Y I S T N S P C P E T L L I R
M M U N I T A L P T L O I U G
I L R A R E A C T I O N U M X
U X W C I N U I T W B N M A O
M F O I L K I L O G R A M Z C
C U B I C H L O R I N E V J O
```

ACTINIUM	FLUORINE	LEAD	REACT
BETA	FOIL	LIGHTER	REACTION
BOLTED	FRANCIUM	LUTETIUM	SALT
CHLORINE	FUME	MASS	SELENIUM
COLON	GRAM	NEON	STEEL
CUBIC	INLINE	NOBELIUM	TEAM
CYLINDER	INUIT	PLATINUM	TRACE
EUROPIUM	KILOGRAM	PRASEODYMIUM	VAPOUR
FERMIUM	KRYPTON	RARE	

Solution for Puzzle 69

Puzzle 70

```
O H S B E C A L C I U M X R H
M Z M R R F I I O N H A H U A
D P O E X O B I S M U T H T L
O H K N R A M A N T L E I H F
P O E A E E C I M O T A B E I
I S S L T T S M N A G R E R B
N P W Y I P U I O E A E R F R
G H E N N I G N D G M K Y O E
T A L O D A T E A U M C L R S
B T D N D N P R R Z A O L D O
R E A E L E C T R O N L I I D
A C O X Y G E N I W T B U U A
S R X M U I S E A C I D M M Y
S U C A B N O R M A L I T Y F
Y I E L D E P L E T I O N P E
```

ABNORMALITY	DATE	LACE	SCANDIUM
ACID	DEPLETION	MANTLE	SMOKE
ATOMIC	DOPING	OXYGEN	SODA
BERYLLIUM	ELECTRON	OZONE	SYNAPTIC
BISMUTH	FIBRE	PHOSPHATE	TIN
BLOCKER	GAMMA	RADON	WELD
BRASS	HAHN	RAMAN	XENON
BROMINE	HALF	RENAL	YIELD
CAESIUM	INERT	RESIDUAL	
CALCIUM	ION	RUTHERFORDIUM	

Solution for Puzzle 70

Puzzle 71

```
F I B E R U B I D I U M U J M
P Z V E L T H E R M A L Z S E
O I Y T T A F T R E N D Z S I
R R E T U A W I S O T O P E T
O E C U E N G R A I L N L L N
U L A B M I G L E S S I I N E
S B R C I O O S S N P T T I R
O A B Q T N Q E T N C R H A I
S T O Z A O N B P E M I I T U
M S N H Q F R K D W N C U S M
I V T L F U R I N A R Y M M S
U E P I S E R U M M E T A L V
M T T R G C H R O M I U M G X
E S A H P P R E D I C T E D Z
Z V A P O R H P L A S M A I L
```

ANION	ISOTOPE	PHASE	STAINLESS
BUTTE	LAWRENCIUM	PLASMA	STIFFNESS
CARBON	LITHIUM	POROUS	THERMAL
CHROMIUM	MEITNERIUM	PREDICTED	TREND
EMIT	METAL	REACTOR	TUNGSTEN
FATTY	METHANOL	RUBIDIUM	URINARY
FIBER	NITRIC	SERUM	VAPOR
GRAIL	OSMIUM	STABLE	

Solution for Puzzle 71

Puzzle 72

```
T E L L U R I U M A G N E T Q
D I O D E T C I T S A L P X I
A C N Y T E R Z C W T N V R N
E S C F H V U V I E E U O Y T
E T B L Y I S P X G D T B M A
D I C E L R T Q O Z A R U R K
U T T R S Q E R T R E I S D E
B A H O A T D A E Z L E I R C
N N A V O Y O D C E B N L I O
I I L I H M O S H T D T I L I
U U L U E M O R H C I Q C L N
M M I M Q I N F L U X V A I A
V B U R E D E F I N E H E N G
J V M S E A B O R G I U M G E
M I N I N G E M I S S I O N M
```

ASBESTOS
CHROME
COINAGE
CRUST
DIODE
DRILLING
DUBNIUM
EMISSION
ETHYL
FLEROVIUM
GATED
HELIUM
HYDROGEN
INFLUX
INTAKE
MAGNET
MINING
MODERATOR
NUTRIENT
PLASTIC
REACTIVE
REDEFINE
RIVET
SEABORGIUM
SILICA
TELLURIUM
THALLIUM
TITANIUM
TOXIC

Solution for Puzzle 72

Puzzle 73

```
U Y A M E R I C I U M G M R P
S T U B I N G X B K M T A C O
L A S E R J T O S L U D G E B
C S O G F N H O L M I U M M S
R T L R N R L B E U L R U O T
U M I O I T N E M E L E N S R
T O D U C A R B O N A T E C U
H D M N K A P X I J G I D O C
E E U D E L T T E K P S B V T
N R I W L J R H N U Y O Y I I
I A D A S A R G O N D P L U O
U T O T T M P R Y D Y E O M N
M E H E T E G R A T E D M A Q
Y N R R A L U M I N U M A L W
O P R O M E T H I U M K O R L
```

ALUMINUM	ELEMENT	MODERATE	RADIUM
AMERICIUM	GALLIUM	MOLYBDENUM	RHODIUM
ARGON	GROUNDWATER	MOSCOVIUM	RUTHENIUM
BOHRIUM	GROUP	NICKEL	SLUDGE
CARBONATE	HOLMIUM	NITRATE	SOLID
CATHODE	KETTLE	OBSTRUCTION	TARGET
DEPOSIT	LASER	PROMETHIUM	TUBING

Solution for Puzzle 73

Puzzle 74

```
C O N T R A C T I O N L V C Z
A L P H A Y Y E L L O W U B V
B F H N P P A L L A D I U M Z
E S U E R B O W E L D B A N D
R E C U E L I S N E T U L U I
K P O R F R S Q T R C G U C A
E A M O I E E A S E H U M L M
L R P N N P L S U F E Q I E O
I A O A I P B Y L L M U N A N
U T S L N O U M F E I A I R D
M I I M G C L B I C C R U P C
W O T S K T O O D T A T M J T
T N E V L O S L E O L Z W B J
N U T B A R I U M R Y T O E J
S E A W A T E R B I U M L M I
```

ALPHA	CONTRACTION	PALLADIUM	SOLUBLE
ALUMINIUM	COPPER	PLATED	SOLVENT
BARIUM	DIAMOND	QUARTZ	SULFIDE
BERKELIUM	ERBIUM	REFINING	SYMBOL
BOWEL	ESSEN	REFLECTOR	TERBIUM
CHEMICAL	NEURONAL	SEAWATER	UTENSIL
COMPOSITE	NUCLEAR	SEPARATION	YELLOW

Solution for Puzzle 74

Puzzle 75

```
M L S J I M P U R I T Y T V A
S S C C D O M A N I F O L D L
Y F A R O M A T I C T L W I H
N U M B E R L M Y I A S M O F
T S S E O A R H E N I U M N L
H E H A A M D O I A I B K I Y
E L I R M S B M S T W S U Z M
S A E I B A O A E I E T P A P
I G L N P D R N R O O A T T H
S E D G B D H I H D N N A I O
S N I A H C J O U D M C K O C
A E N K E L L E R M U E E N Y
H G G T T Y T T R I U M N Q T
C I F I S S I O N E N N O T E
W F I X A T I O N O I S U F G
```

- ABDOMINAL
- AROMATIC
- BEARING
- BOMBARDMENT
- CHAIN
- CHASSIS
- CORROSION
- FISSION
- FIXATION
- FUSELAGE
- FUSION
- IMPURITY
- IONIZATION
- KELLER
- LYMPHOCYTE
- MANIFOLD
- NUMBER
- RHENIUM
- SAMARIUM
- SHIELDING
- SUBSTANCE
- SYNTHESIS
- TECHNETIUM
- TONNE
- UPTAKE
- YTTRIUM

Solution for Puzzle 75

Puzzle 76

```
T P P R O T O N V H E A V Y D
Q O O G Z M R T H U L I U M L
L T X T U S S A M O I B W C M
D D N I A Y S K X P A V E R A
A I D P C S A L K A L I L Y G
R O E W I I S L W Q K R D S N
S X L U M G T I G U A I I T E
E I M S D N M Y U E L D N A S
N D I O N I Z E G M I I G L I
I E A C I D I C N F N U O L U
C D W F A L L O U T E M D I M
F N D E C O M P O S E X X Z O
F O R G E W B R O W S E R E Q
V B H A F N I U M U I D N I K
T I N R A D I O A C T I V E H
```

ACIDIC	CRYSTALLIZE	INDIUM	RADIOACTIVE
ALKALI	DECOMPOSE	IONIZE	SODIUM
ALKALINE	DIOXIDE	IRIDIUM	THULIUM
ARSENIC	FALLOUT	MAGNESIUM	TOXICITY
BIOMASS	FORGE	OPAQUE	WELDING
BONDED	HAFNIUM	PIGMENT	
BROWSER	HASSIUM	POTASSIUM	
CRYSTAL	HEAVY	PROTON	

Solution for Puzzle 76

Puzzle 77

```
P O V G N I O B I U M U G G R
E R T V V A N A D I U M B D A
S L O X P R E P A R E D U I M
W C E T X L U I F P Y M B S M
A Z O C A U U I L C R O O T O
R O H P T C S T I H A L N I N
M F B Y E R T O O G T T D L I
I R I Z D R O I W N E E I L U
N E K U P R N D N N I N N A M
G A X C W P O I E I D U G T U
O G R E D N U X C N U B M I I
R E L C I S E V I I K M M O R
I N S U L I N S F D U D P N E
R T F A S T A T I N E M H L C
C M E L T I N G S I L V E R S
```

AMMONIUM
ASTATINE
BONDING
CERIUM
COPERNICIUM
DIETARY
DISTILLATION
ELECTRODE
HYDROXIDE
INSULIN
MELTING
MOLTEN
NIOBIUM
PLUTONIUM
PREPARED
PROTACTINIUM
REAGENT
SILVER
UNDERGO
VANADIUM
VESICLE
WARMING

Solution for Puzzle 77

Puzzle 78

```
B S O W I S A K I N A S E T S
E F O B S M U I M D A C V R U
Z L J L M T E L C I T R A P B
E U K T U D R U F I E L L Y S
H O C H I B R O P A U E A D T
A R H O N M I N N L T S R Y I
M E A R O A M L L T M E E S T
M S D I H N Q E I A I S N P U
E C W U I G C N R T D U I R T
R E I M N A Z A J Z Y N M O I
E N C D R N E T A R A P E S O
D C K T J E D I X O D M G I N
U E N F H S O L U T I O N U B
D I Z N N E N B R O N Z E M G
V S S P E C T R O M E T E R X
```

BRONZE
CADMIUM
CHADWICK
DYSPROSIUM
FLUORESCENCE
HAMMERED
INTRACELLULAR
KINASE
MANGANESE
MINERAL
NIHONIUM
OXIDE
PARTICLE
RAMSAY
SEPARATE
SOLUBILITY
SOLUTION
SPECTROMETER
STRONTIUM
SUBSTITUTION
SULFATE
THORIUM

Solution for Puzzle 78

Puzzle 79

```
L I Z I Y S F P O N T I A C O
T K M U I T D A T S M R A D C
Y Y N O M I T N A J E B U A O
N D R P K C G E P Y D U R B N
D I D T N E G O R T I N A B D
S A Y E E W A T O B C A N R E
W R J A F M S N D L I Q I E N
A R N O S I O P U U T U U V S
L H Y C M R C R C E S E M I E
L E R E T K B I T U E O W A D
O A H U E W X L E C P U P T M
W C E B I O P S Y N E S K I Z
I N G E S T I O N R C P P O P
D C P O I S O N I N G Y S N M
X L A B O R A T O R Y Z L U U
```

ABBREVIATION
ANTIMONY
AQUEOUS
BIOPSY
CHEMISTRY
CONDENSED
DARMSTADTIUM
DEFICIENCY
DIARRHEA
INGESTION
LABORATORY
NEUTRON
NITROGEN
PESTICIDE
POISON
POISONING
PONTIAC
PRODUCT
SPECTROMETRY
SWALLOW
URANIUM
YTTERBIUM

Solution for Puzzle 79

Puzzle 80

```
V G P U R I F I C A T I O N Y
M H A R D N E S S N Y S A A N
B E S S O G A N E S S O N M M
P D T P E R I O D I C M Y M N
N D L H R O D B L R M E P O E
P N L X A Y U S A W H T G N P
C U Y U M N J S T R Z A N I T
A O R I S H E A T H E L I A U
T P U C H L O R I D E L Y U N
A M E R C U R Y C K V I D R I
L O B E R K E L E Y F C U X U
Y C C O N D U C T I V I T Y M
Z K K R E S E A R C H A S T Q
E B A T T E R I E J G X L T P
N Z Q M L S I G N A L I N G I
```

AMMONIA
BATTERIE
BERKELEY
CATALYZE
CHLORIDE
COMPOUND
CONDUCTIVITY
GASEOUS
HARDNESS
LATTICE
MERCURY
METALLIC
METHANE
NEODYMIUM
NEPTUNIUM
OGANESSON
PERIODIC
PURIFICATION
RESEARCH
SHEATHE
SIGNALING
STUDYING

Solution for Puzzle 80

Puzzle 81

```
F W O X I D A T I O N R L Y V
C E X T R A C T I O N S G L T
E N C H E V R O L E T N T L E
C L M O L E C U L E I R T A N
A Z E C J B F U R D A N C C N
T S E C T J H Y N N O I I I E
A I T W T F S O S I E T N M S
L L I W Z R P F T R Y F A E S
Y I H Y B S O P M L S V G H I
S C P Y E R R L A K E E R C N
T O A R M O C T Y K Q J O W E
I N R F S N A T B T T R S N T
J O G B G C R O T C E T E D I
C R A F L U O R E S C E N T Y
G E X T R A C E L L U L A R Y
```

ABSORPTION
CATALYST
CATALYTIC
CHEMICALLY
CHEVROLET
CORRESPONDING
DETECTOR
ELECTROLYTE
EXTRACELLULAR
EXTRACT
EXTRACTION
FLUORESCENT
GRAPHITE
MOLECULE
ORGANIC
OXIDATION
SILICON
TENNESSINE
TRANSFORM

Solution for Puzzle 81

Puzzle 82

```
H A L G S Y W U E X T S C O O
Y D I A C A P M Y W T H R R K
D S G D A B R W S Z S M Y E D
R O H O L H B A A V Q M S S X
O R T L I Y Q D W L T G T P B
C P W I B G T G S A N T A E L
A T E N R X E I X I K R L C A
R I I I A C I R T S A G L T N
B O G U T J V A M N Q C I I T
O N H M I U O Q M A A Y N V H
N H T H O C B K B E N U E E A
S U O E N A T N O P S I Q L N
P O L L U T A N T M S M U Y U
D W P R E C I P I T A T E M M
Y B C C A L I F O R N I U M R
```

ADSORPTION GADOLINIUM LIGHTWEIGHT SARAWAK
CALIBRATION GASTRIC POLLUTANT SPONTANEOUS
CALIFORNIUM GERMANIUM PRECIPITATE
COATING HYDROCARBON QUANTITY
CRYSTALLINE LANTHANUM RESPECTIVELY

Solution for Puzzle 82

Puzzle 83

```
L L S C O N T A M I N A N T C
B Z P E L Z U W V K Y D P O L
I R H G L T L C X L P P F M E
N E O R T E A B L A W O C O X
T R S E E J C N D E E R W G P
E E P E N X C T T V U W Z R E
S H H N R T C J I A W S Q A R
T P O H Y U G I C V L H M P I
I S R O F C Q E T S I U S H M
N O U U X Y G F N A O T M Y E
A M S S Q K L F M I T W Y C N
L T V E S D N W I T U I L T T
N A T U R A L L Y O O M O Z Q
W A S T E W A T E R K Q T N O
R C O O R D I N A T I O N M M
```

ATMOSPHERE EXPERIMENT NUCLEUS TANTALUM
CONTAMINANT GREENHOUSE PHOSPHORUS TOMOGRAPHY
COORDINATION INTESTINAL ROENTGENIUM WASTEWATER
EXCITATION NATURALLY SELECTIVITY

Solution for Puzzle 83

Puzzle 84

```
F R C A T A L Y Z E S S E N G
A E A P C A T A L Y S T L S I
T A C E O M I N D I O D E E O
T C I E L T M L A S E R K C N
Y T D S A E A T O M C R C I W
S I R A T C C S O D A A I N E
F V E H E F G T S A R M N O L
I E A P M U I O R I T A O I D
B N C M A E T R F O U N A S I
E D T G I L I E M I L M K S N
R A I R O N M A S S A Y E I G
Z T W A S T E W A T E R T M A
J E L M I N T E S T I N E E S
I N T R A C E L L U L A R M G
N O G R A R E W Q U A R T Z B
```

ACID	FIBER	MASS	RAMAN
ARGON	FUEL	METAL	RARE
ATOM	GAS	METHANE	REACT
CATALYST	GRAM	MIN	REACTIVE
CATALYZE	INTESTINE	MINE	SEC
DATE	INTRACELLULAR	MINT	SODA
DIODE	ION	NICKEL	TEAM
ELECTROLYTE	IONIC	OAK	TIN
EMISSION	IRON	ORE	TRACE
EMIT	LACE	PHASE	WASTEWATER
ESSEN	LASER	POTASSIUM	WELD
FATTY	LIME	QUARTZ	WELDING

Solution for Puzzle 84

Puzzle 85

```
D B O M B A R D M E N T M D Z
A D U F U M E B I O D I N E I
M R F L U O R I N E F O I L N
M I Z A C L R H O D I U M C C
O M M H H E R A E L C U N C E
N P E C A N W Y B A F T I R R
I U I O I E M U E J V T T A E
U R T B N P U D J L S Y D M S
M I N A I T I O N A L I D S I
L T E L T U M W L E L O C A D
S Y R T R N O P F O O K W Y U
A N I J I I R G S J K N N V A
L F U D C U H R H E N I U M L
T X M M G M C H A S S I S L C
T I P O N T I A C C R U S T M
```

AMMONIUM	DOW	MEITNERIUM	RAMSAY
BOMBARD	FLUORINE	MOL	RESIDUAL
BOMBARDMENT	FOIL	NEON	RHENIUM
CHAIN	FUME	NEPTUNIUM	RHODIUM
CHASSIS	HALF	NITRIC	SALT
CHROMIUM	HEAVY	NUCLEAR	SOLID
COBALT	IMPURITY	PLASTIC	YELLOW
CRUST	IODINE	PONTIAC	ZINC

Solution for Puzzle 85

Puzzle 86

```
D E C A Y G A G N U M B E R H
Z N E T S G N U T Z B G S T O
G R A I L I C I B U C A E E L
P U L P M A N T L E V M R L M
A Q N R I G O L D A U M U B I
B U A M T R E N D I N A M U U
S W P L A S M A L O E G Q L M
O G N I B U T E K C G Y I O C
R D L E I Y B C I M O T A S O
P H Y D R O C T F O X C I T P
T N O I N A T I U N I O N O P
I S B E T A L E A D D I E N E
O G S E L E N I U M E N R N R
N S N U N D E R G O G Q T E X
N I O B I U M O I X E N O N X
```

ABSORPTION	GRAIL	NUMBER	TREND
ANION	HOLMIUM	OXIDE	TUBING
ATOMIC	HYDRO	PLASMA	TUNGSTEN
BETA	INERT	PULP	UNDERGO
COIN	INUIT	SELENIUM	WARMING
COPPER	LATTICE	SERUM	XENON
CUBIC	LEAD	SIGNALING	YIELD
DECAY	MANTLE	SODIUM	
GAMMA	NIOBIUM	SOLUBLE	
GOLD	NOBELIUM	TONNE	

Solution for Puzzle 86

Puzzle 87

```
W P R O D U C T E N G A M L W
H H A H N W M E T Y S B U O E
S P O R O U S V A H T R L B P
G A L L I U M I B V E A C M S
C F I B R E G R L A E S E Y U
L A R C H R O M E P L S R S B
M E T N E C S E R O U L F I S
T Y R A D O N O A R K I N L T
F Q H R L M M Q P L J L A V A
U A L L O Y E Q C A K V M E N
S I L I C A T T J T Q A E R C
I S O T O P E I H C T U L O E
O X C U R I U M C Y H G E I A
N T I T A N I U M U L J I W B
O L F U T E N S I L Y H T E X
```

ALKALI	FLUORESCENT	OPAQUE	SUBSTANCE
ALLOY	FUSION	POROUS	SYMBOL
BRASS	GALLIUM	PRODUCT	TABLE
CATALYTIC	HAHN	RADON	TERBIUM
CHROME	ISOTOPE	RIVET	TITANIUM
CURIUM	MAGNET	SILICA	ULCER
ETHYL	METHYL	SILVER	UTENSIL
FIBRE	NAME	STEEL	VAPOR

Solution for Puzzle 87

Puzzle 88

```
V K J L P O I S O N C B H F D
A T A H E L I U M H V F V X V
D H R A L P H A L X T E R M C
S U O S P A P O M I K J E D G
O L M E H C R U X O K N F R R
R I A C G I I O M R D I I E E
P U T N D D E S N E W M N S E
T M I E A I V L L Q I A I E N
I G C L M C N E D H R T N A H
O V L A P M V C I I E I G R O
N A F V S I L I C O N V W C U
P Y X Z U P G R O U P G D H S
M U I M Y D O E N O Z O N E E
N O R O B R O N Z E V J O R U
U P O I S O N O U S M Y S D C
```

ACIDIC	GREENHOUSE	POISON	THULIUM
ADSORPTION	GROUP	POISONOUS	VALENCE
ALPHA	HELIUM	REFINING	VITAMIN
AROMATIC	MENDELEVIUM	RESEARCHER	WIRE
BORON	NEODYMIUM	SHIELDING	
BRONZE	OZONE	SILICON	
CHLORIDE	PALLADIUM	SMOKE	

Solution for Puzzle 88

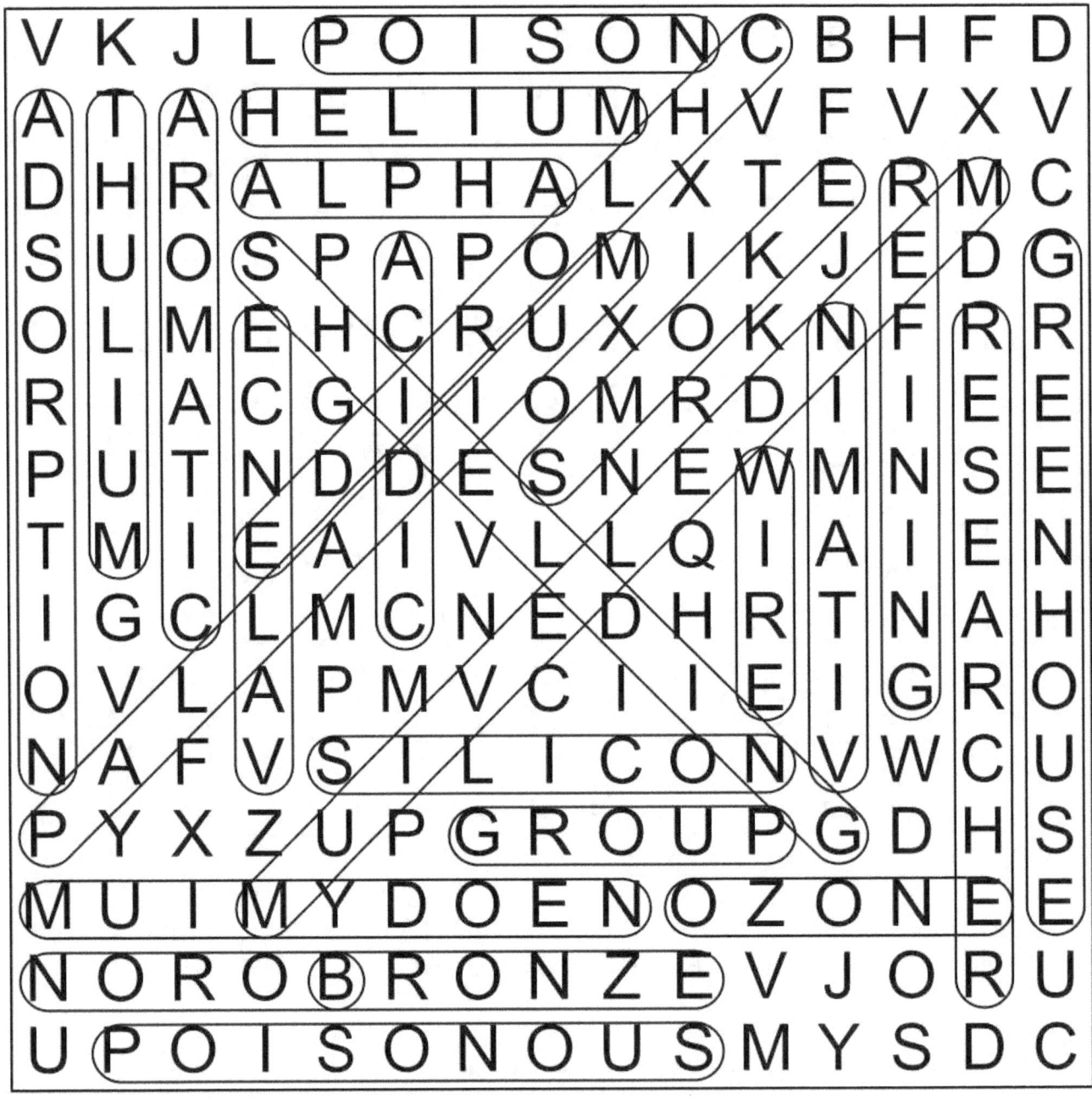

Puzzle 89

```
S C A E S I U M R Q L B R A F
E T Y C O H P M Y L U U E T X
M K X F I A E M V S T T N H P
I C A N M F L E G H E T A O R
C Z U T D N B R A E T E L R E
O F S H P I A C D A I P P I D
N I U Y T U T U O T U A Y U I
D S L D H M S R L H M R E M C
U S F R A I U Y I E A T L U T
C I I O L N L X N N D I E I E
T O D G L L P K I U N C K R D
O N E E I I H R U T B L R H S
R N Y N U N U C M B G E E O A
I W O R M E R U F L U S B B W
Z S D I G E S T I V E U P I M
```

BERKELEY	HAFNIUM	PREDICTED	SULPHUR
BOHRIUM	HYDROGEN	RENAL	THALLIUM
BUTTE	INLINE	SEMICONDUCTOR	THORIUM
CAESIUM	LUTETIUM	SHEATHE	UPTAKE
DIGESTIVE	LYMPHOCYTE	STABLE	URINARY
FISSION	MERCURY	SULFIDE	
GADOLINIUM	PARTICLE	SULFUR	

Solution for Puzzle 89

Puzzle 90

```
R M T Z P S T I F F N E S S Z
D U A N R L E W O B C M M P P
E I T N A T A N T A L U M W D
P N L H S T S M I L I I J K P
L A Q U E O U S L R X N R Y F
E R B A O R L L A O O O L M I
T U E F D G F B L Z C L Z U L
I I R E Y V A O K O A O H I T
O N Y R M N T K R C P P O C R
N F L M I C E Z I D S J F I A
S L L I U S A M A R I U M R T
L U I U M D E D N O B U R E I
V X U M C H E M I C A L M M O
C P M T C C O I N A G E W A N
P L A T I N U M F O R G E G Y
```

AMERICIUM	CHEMICALLY	INFLUX	STIFFNESS
AQUEOUS	CHLORINE	PLATINUM	SULFATE
BARIUM	COINAGE	POLLUTANT	TANTALUM
BERYLLIUM	DEPLETION	POLONIUM	URANIUM
BONDED	FERMIUM	PRASEODYMIUM	
BOWEL	FILTRATION	RUTHERFORDIUM	
CHEMICAL	FORGE	SAMARIUM	

Solution for Puzzle 90

Puzzle 91

```
V Z Q W K M O D E R A T E X S
N T N T E C H N E T I U M P E
K O G E L I G H T E R P X S L
J I M E L T I N G V E L O P E
D G N U E K R C A R B O N O M
M H M A R M X M I N I N G N E
G E A L S D E T A G N K Q T N
I T T M J E Y S W A E I O A T
C N X A M H B X C S T L S N A
O E T L L E L U C E L O M E L
L V S A S L R H F O O G I O K
O L K T K V I E N U M R U U M
N O O P D E J C D S W A M S Y
J S Q W D I A M O N D M O E F
E A R S E N I C R Y S T A L K
```

ARSENIC	ELEMENTAL	KINASE	MOLTEN
ASBESTOS	GASEOUS	LIGHTER	OSMIUM
CARBON	GATED	MELTING	SOLVENT
COLON	HAMMERED	METALLIC	SPONTANEOUS
CRYSTAL	INTAKE	MINING	TECHNETIUM
DIAMOND	KELLER	MODERATE	
ELEMENT	KILOGRAM	MOLECULE	

Solution for Puzzle 91

Puzzle 92

```
S S I Y I B K A K B B W K Y B
U O C T E G R A T I E C M L O
P L E I D K F O T O X I C I L
E U R T I W R N W P I Y E G T
R T I N X D D Y K S G V N H E
S I U A O H F M P Y E O M T D
T O M U I I U B W T I R A W R
R N Z Q D I T C E S O U N E I
U E Z I N O I A O E I N G I L
C D E B N U T R I E N T A G L
T M U I D I R I Z D P V N H I
U D E B I O M A S S A B E T N
R B L O C K E R V I Z R S P G
E C A R B O H Y D R A T E Y K
E X T R A C E L L U L A R F K
```

BIOMASS
BIOPSY
BLOCKER
BOLTED
BROWSER
CARBOHYDRATE
CERIUM
CORROSION
DIOXIDE
DRILLING
DUBNIUM
EXTRACELLULAR
IONIZE
IRIDIUM
KRYPTON
LIGHTWEIGHT
MANGANESE
NUTRIENT
QUANTITY
RADIATION
SOLUTION
SUPERSTRUCTURE
TARGET
TOXIC

Solution for Puzzle 92

Puzzle 93

```
C N K G K I G N I R A E B S Q
O A L U M I N I U M P A D D E
N T A S N O R T C E L E Z C C
D U T M D B L R V W A B U N A
E R M F A S E A W A T E R U L
N A O I D G E T R G E G O P I
S L S N L B N E L E D N E E F
E L P S O A I E E D N S T U O
D Y H U E T M O S D T I G R R
T M E L R T O A K I S N M O N
I L R I B E R R C O U T M P I
N R E N I R B I P L V M R I U
H W E F U I D E L T T E K U M
S Q A Q M E D I N D I U M M C
D C O B S T R U C T I O N D F
```

ALUMINIUM	CONDENSED	INSULIN	OBSTRUCTION
ATMOSPHERE	DEPOSIT	KETTLE	PESTICIDE
BATTERIE	ELECTRON	MAGNESIUM	PLATED
BEARING	ERBIUM	MINERAL	PROTON
BROMINE	EUROPIUM	NATURALLY	SEAWATER
CALIFORNIUM	INDIUM	NITRATE	

Solution for Puzzle 93

Puzzle 94

```
X D R A D I O A C T I V E O V
S A E T F O C G A E R S T R R
P R H P U G O X P L E Y H E E
E M A T S A A E R L D N E F S
C S R N E N T X E U E A R L P
T T D U L E I T P R F P M E E
R A N C A S N R A I I T A C C
O D E L G S G A R U N I L T T
M T S E E O I C E M E C U O I
E I S U J N D T D Q H Q Y R V
T U Y S O V A N A D I U M W E
E M R M S E P A R A T E L R L
R W M W M I S C A N D I U M Y
K A I K Y D I E T A R Y I W C
S O L U B I L I T Y F N N P K
```

AMMONIA	HARDNESS	REFLECTOR	SYNAPTIC
COATING	NUCLEUS	RESPECTIVELY	TELLURIUM
DARMSTADTIUM	OGANESSON	SCANDIUM	THERMAL
DIETARY	PREPARED	SEPARATE	VANADIUM
EXTRACT	RADIOACTIVE	SOLUBILITY	
FUSELAGE	REDEFINE	SPECTROMETER	

Solution for Puzzle 94

Puzzle 95

```
X A D K R B M U T W S R P C F
D T Q W U O A C E U V A N E A
C O C U T N N Y N B G D O R I
R A P M H D I L N S R I I A N
E E L I E I F I E E O U T M G
A P G C N N O N S A U M A I E
C T I D I G L D S B N E R C S
T N E G U U D E I O D T B I T
I E H K M L M R N R W H I N I
O G O U Q E S S E G A A L A O
N A O P E Y N O M I T N A G N
R E A C T O R T O U E O C R M
P R O M E T H I U M R L T O K
R Q C O N D U C T I V I T Y D
P K C T P H O S P H A T E X P
```

ANTIMONY CYLINDER ORGANIC REACTOR
BONDING DOPING PHOSPHATE REAGENT
CALCIUM GROUNDWATER PIGMENT RUTHENIUM
CALIBRATION INGESTION PROMETHIUM SEABORGIUM
CERAMIC MANIFOLD RADIUM SLUDGE
CONDUCTIVITY METHANOL REACTION TENNESSINE

Solution for Puzzle 95

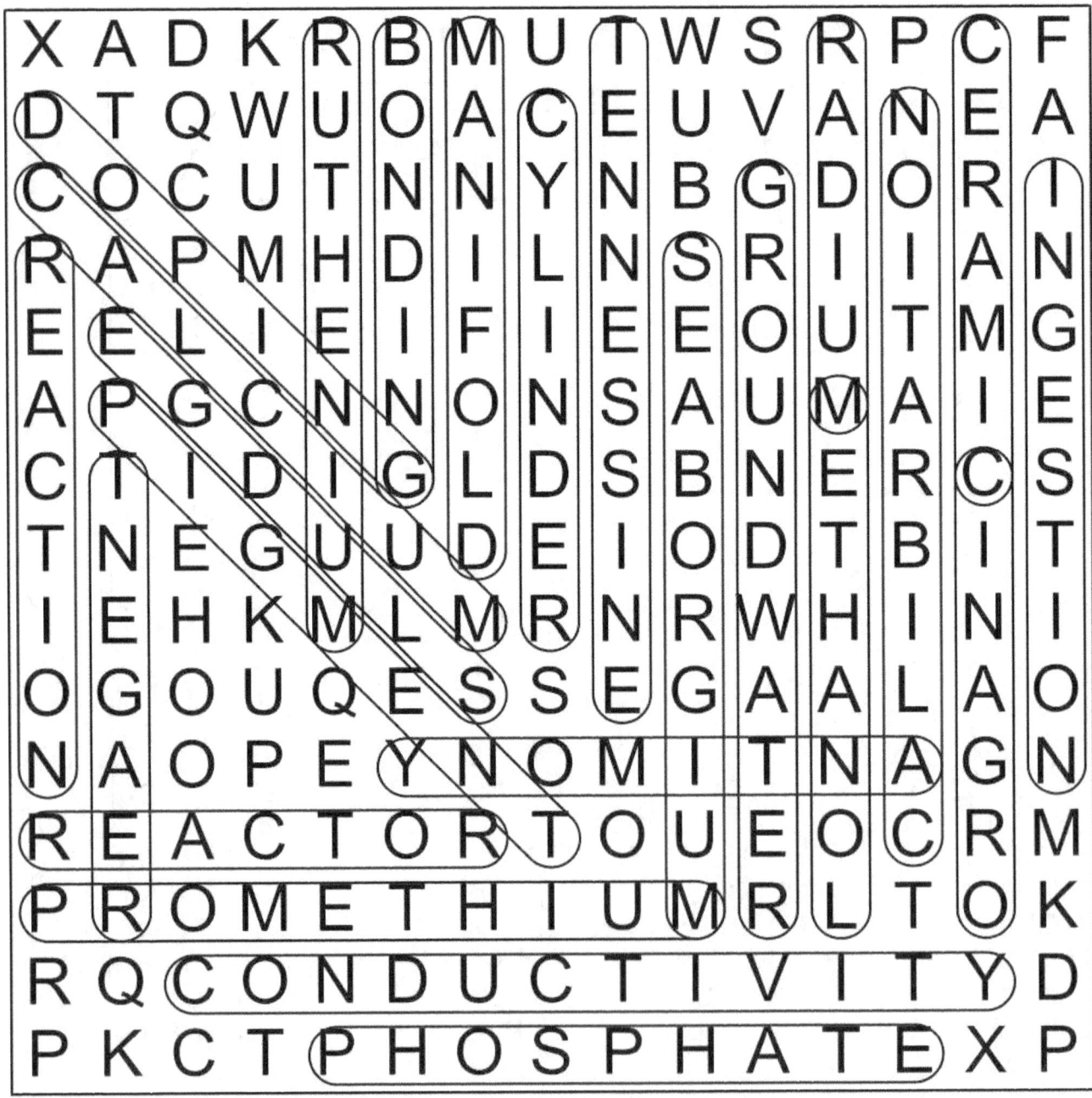

Puzzle 96

```
N F R A N C I U M G M I A Z V
P E A Z T K N H N Y G M B W E
R C U N C E D I W M A U B S I
O O S T G A Y W U T S I R Y N
T M E Y R D O I Y L T M E N S
A P X T U O L L A F R D V T T
C O M T A E N B J B I A I H E
T U S E K N C C T C C A E I
I N R R R U O P A V O T T S N
N D E Y S V I B S L L I I I I
I B E T I H P A R G C N O S U
U N I T R O G E N A F I N G M
M E L E C T R O D E C U U B H
A B N O R M A L I T Y M V M Q
C N U H V A B D O M I N A L D
```

ABBREVIATION
ABDOMINAL
ABNORMALITY
ACTINIUM
BERKELIUM
CADMIUM

CARBONATE
COMPOUND
EINSTEINIUM
ELECTRODE
FALLOUT
FRANCIUM

GASTRIC
GRAPHITE
NEUTRONCALCIUM
NITROGEN
OXYGEN
PROTACTINIUM

STUDYING
SYNTHESIS
VAPOUR

Solution for Puzzle 96

Puzzle 97

```
T U T L N E U T R O N B G H W
F L R C H E V R O L E T R P V
V T U D Y L I T H I U M O R E
C R B M D C I I O V U Q E I S
C A I O R O X N H E Z Z N M I
H V D D O M S O Y R K B T O C
E I I E C P T R D M F D G R L
M O U R A O R G R O I E E D E
I L M A R S O A O R X T N I G
S E P T B I N N X I A E I A S
T T R O O T T I I U T C U L Y
R A I R N E I C D M I T M R E
Y H E P N P U O E S O O R B Q
E X P E R I M E N T N R W E E
H M O L Y B D E N U M Y Q A W
```

CHEMISTRY
CHEVROLET
COMPOSITE
DETECTOR
EXPERIMENT
FIXATION
HYDROCARBON
HYDROXIDE
INORGANIC
LITHIUM
LIVERMORIUM
MODERATOR
MOLYBDENUM
NEUTRON
PRIMORDIAL
ROENTGENIUM
RUBIDIUM
STRONTIUM
ULTRAVIOLET
VESICLE

Solution for Puzzle 97

Puzzle 98

```
A T O X I C I T Y O J O R A Y
L I S C M H E M X C P V J F T
K N P O U J I I N O O D R L T
A T E O I J D E C N I I E U E
L E C R R A Y X T T S S S O R
I S T D T A S T O R O T E R B
N T R I T L P R M A N I A E I
E I O N Y U R A O C I L R S U
U N M A M M O C G T N L C C M
R A E T Q I S T R I G A H E H
O L T I K N I I A O O T S N D
N X R O V U U O P N U I P C B
A M Y N S M M N H F I O M E J
L S W A L L O W Y V S N K N G
W N D E F I C I E N C Y I N T
```

ALKALINE	DISTILLATION	NEURONAL	SWALLOW
ALUMINUM	DYSPROSIUM	OXIDATION	TOMOGRAPHY
CONTRACTION	EXTRACTION	POISONING	TOXICITY
COORDINATION	FLUORESCENCE	RESEARCH	YTTERBIUM
DEFICIENCY	INTESTINAL	SPECTROMETRY	YTTRIUM

Solution for Puzzle 98

Puzzle 99

```
C L F N Y C H A D W I C K U K
G D I L M M E N E S R O M L H
E M I Z W D Z N A W K I F U I
R R U A M U I S S A H O L T B
M O S N R T S O P N F N E Z I
A F S T A R E E O P S I R P S
N S I T A H H I I X A Z O D M
I N S C N I T E D A R A V C U
U A G V N A N N A D A T I A T
M R Q G T Y Y L A U W I U T H
D T I I T N S B E L A O M H P
D E C O M P O S E S K N U O S
Q X A V M U I V O C S O M D S
E G M L A B O R A T O R Y E U
I C I N S E C T I C I D E C G
```

ASTATINE DIARRHEA INSECTICIDE SARAWAK
BISMUTH EXCITATION IONIZATION STAINLESS
CATHODE FLEROVIUM LABORATORY SYNTHESIZE
CHADWICK GERMANIUM LANTHANUM TRANSFORM
DECOMPOSE HASSIUM MOSCOVIUM

Solution for Puzzle 99

Puzzle 100

```
S M O K E C O A T I N G K A A
O I C A H A L F C P U L P Q H
Y N O L A T X E N O N O R I L
N T N P M U I R A B L F Q S E
C E T H O B K M I N A O U O E
H S A A A I C I D I D R N E T
L O M C K N R U B T O D P C S
O L I L I G U M B H S Y T N E
R I N I W R S Z P R I H E E L
I D A T I L T S E R O G A L E
D D T H R Y O I X Z Y N M A N
E O I I E H W Q N X O M Z V I
T W O U P T N E O N A M E E U
T M N M R E S I D U A L G M M
E M I S S I O N S O D I U M F
```

ALPHA	ETHYL	NITRIC	SODIUM
BARIUM	FERMIUM	OAK	SOLID
BRONZE	HALF	ORE	STEEL
CHLORIDE	HYDRO	OXYGEN	TEAM
COATING	IRON	PHOSPHORUS	TIN
COLON	LITHIUM	PULP	TUBING
CONTAMINATION	MIN	RESIDUAL	VALENCE
CRUST	MINT	SELENIUM	WIRE
DOW	NAME	SMOKE	XENON
EMISSION	NEON	SODA	

Solution for Puzzle 100